Die Bibliothek der Technik
Band 229

Thermogravimetrische Materialfeuchtebestimmung

Grundlagen und praktische Anwendungen

Horst Nagel

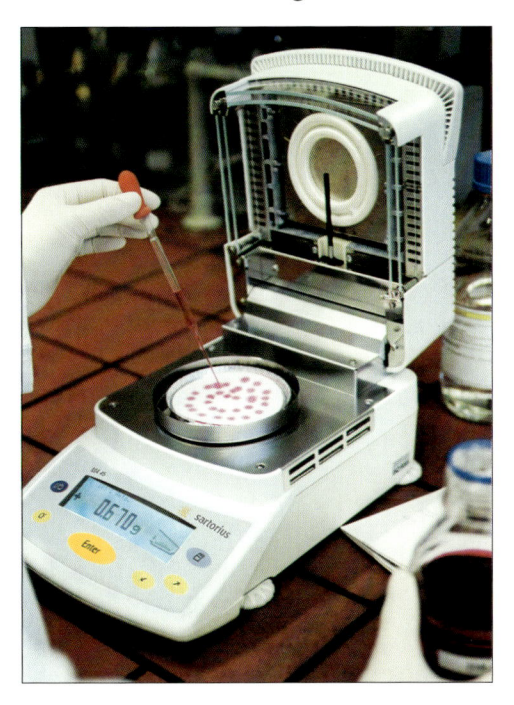

verlag moderne industrie

Dieses Buch wurde mit fachlicher Unterstützung
der Sartorius AG erarbeitet.

Die Deutsche Bibliothek – CIP-Einheitsaufnahme

Nagel, Horst:
Thermogravimetrische Materialfeuchtebestimmung : Grundlagen und
praktische Anwendungen / Horst Nagel. [Sartorius]. –
Landsberg/Lech : Verl. Moderne Industrie, 2002
  (Die Bibliothek der Technik ; Bd. 229)
  ISBN 3-478-93272-6

© 2002 Alle Rechte bei
verlag moderne industrie, 86895 Landsberg/Lech
http://www.mi-verlag.de
Abbildungen: Nr. 34 Deutsche Metrohm GmbH & Co, Filderstadt; Nr. 37
Pfeuffer GmbH, Kitzingen; alle übrigen Sartorius AG, Göttingen
Satz: abc.Mediaservice GmbH, Buchloe
Druck: Himmer, Augsburg
Bindung: Thomas, Augsburg
Printed in Germany 930272
ISBN 3-478-93272-6

Inhalt

Einleitung — 4

Grundlagen der thermogravimetrischen Feuchtebestimmung — 7

Thermogravimetrie 7
Materialfeuchte 8
Prinzipieller Ablauf der Materialfeuchtebestimmung 10

Thermogravimetrische Verfahren — 17

Die Wahl der Messmethode 17
Die Trockenschrankmethode 17
Feuchtebestimmung mit dem Infrarot-Feuchtemessgerät 23
Feuchtebestimmung mit dem Mikrowellen-Feuchtemessgerät ... 45
Feuchtebestimmung mit Geräten mit Feuchtefalle 51

Prüfmittelüberwachung — 55

Überprüfung des Wägesystems 56
Überprüfung der Heizleistung 57
Überprüfung der gerätetechnischen Reproduzierbarkeit 60

Andere Messverfahren kurz betrachtet — 62

Karl-Fischer-Titration 62
Phosphorpentoxidmethode 64
Kalziumkarbidmethode 66
Leitfähigkeitsmessung 67
Infrarotspektroskopie 68

Literaturverzeichnis — 70

Der Partner dieses Buches — 71

Einleitung

Einfluss des Feuchtegehalts einer Ware ...

Die Kenntnis des Materialfeuchtegehalts ist für die Produktion und den Handel ein entscheidender Wirtschaftsfaktor – der Feuchtegehalt einer Ware bestimmt ihre Verarbeitbarkeit und Lagerfähigkeit und wirkt sich auf ihren Preis sowie ihre Qualität aus (Abb. 1).

Zwar erkannte der Mensch schon früh, dass sich getrocknete Rohstoffe leichter verarbeiten lassen und auch Lebensmittel in getrocknetem Zustand länger haltbar sind, allerdings standen zunächst keine Methoden zur quantitativen Bestimmung des Feuchtegehalts zur Verfügung. Daher bediente man sich einer optischen Begutachtung, des Tast-, des Geruchs- sowie des Geschmackssinns, um eine Qualitätsaussage zu treffen.

... auf die Verarbeitbarkeit ...

Mit dem Einsetzen der Industrialisierung im 19. Jahrhundert und der damit einhergehenden maschinellen Massenproduktion wurde es jedoch erforderlich, den Feuchtegehalt von Rohstoffen genauer zu bestimmen. Um einen störungsfreien Ablauf des Produktionsprozesses zu gewährleisten, musste das zu verarbeitende Material immer die gleichen Eigenschaften aufweisen, also beispielsweise einen konstanten Feuchtegehalt besitzen.

... und den Preis

Aber nicht nur produktionstechnische, auch wirtschaftliche Gründe erfordern die Kenntnis des Materialfeuchtegehalts: Rohstofflieferungen werden beispielsweise häufig nach Gewicht berechnet. Ein hoher Feuchtegehalt macht das Material schwerer und damit teurer. Anders ausgedrückt: Bei der Weiterverarbeitung von Rohstoffen mit einem hohen Feuchtegehalt wird eine geringere Ausbeute erzielt, sodass der Preis für das Endprodukt steigt.

Schließlich ist der Feuchtegehalt bzw. der Anteil der Trockenmasse auch für die Qualität von

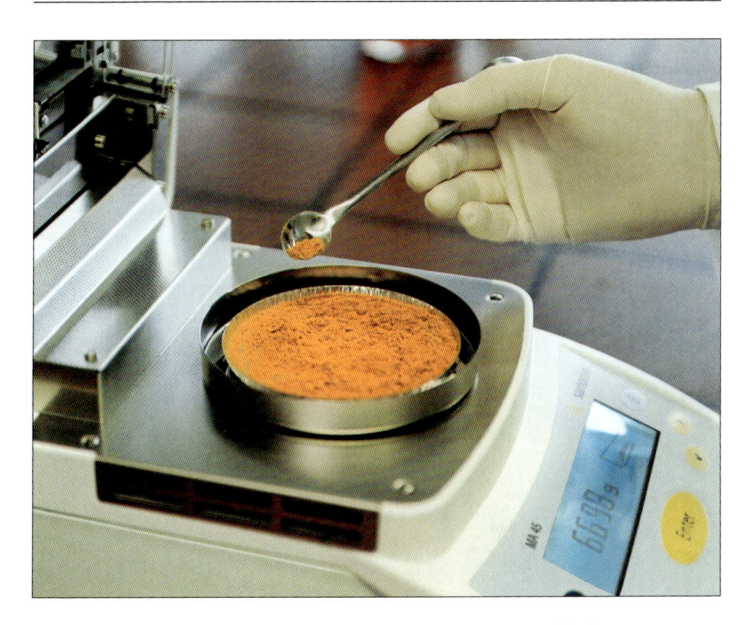

*Abb. 1:
Vorbereitung der Messung des Feuchtegehalts von Currypulver*

Produkten von Bedeutung, da er die Haltbarkeit sowie den Geschmack von Lebensmitteln beeinflusst. Beispielsweise erlaubt die Angabe des Fettanteils in der Trockenmasse (»Fett i. Tr.«) bei Milchprodukten Rückschlüsse auf den Geschmack. Bekanntlich ist Fett ein Geschmacksträger und je mehr davon in einem Produkt enthalten ist, umso schmackhafter ist es.

Mit der Einführung der DIN EN ISO 9000 haben Messverfahren zur Bestimmung von Qualitätsmerkmalen weiter an Bedeutung gewonnen. In der Wareneingangskontrolle und der Produktion zählt die Materialfeuchtebestimmung zu einer der am häufigsten durchgeführten und wichtigsten Prüfungen.

Wollte man den Materialfeuchtegehalt ganz exakt bestimmen, müsste man die einzelnen Moleküle zählen. Um diese Vorgehensweise zu realisieren, wäre allerdings ein immenser apparativer Aufwand nötig. Für den prakti-

Qualitätsmerkmal Materialfeuchte

**Wäge-Trock-
nungs-Verfahren**

schen Einsatz wurden daher verschiedene Verfahren entwickelt, die einen Kompromiss zwischen dem hohen messtechnischen Aufwand und der geforderten Genauigkeit darstellen. Einige dieser Verfahren beruhen auf dem Prinzip der Thermogravimetrie, entsprechend bezeichnet man sie auch als »Wäge-Trocknungs-Verfahren«.

Grundlagen der thermogravimetrischen Feuchtebestimmung

Thermogravimetrie

Der Begriff Thermogravimetrie (griech. therme »Wärme«, lat. gravis »schwer«) umfasst alle Verfahren der thermischen Analyse, mit denen die Masseveränderung bestimmt wird, die Stoffe bei ihrer Erwärmung erfahren. Einige dieser Verfahren finden Anwendung bei der Ermittlung des Materialfeuchtegehalts. Auf Grund ihrer Arbeitsweise sind sie auch unter der Bezeichnung »Wäge-Trocknungs-Verfahren« oder »Dörr-Wäge-Verfahren« bekannt. Gelegentlich wird auch noch von der »Darrprobe« gesprochen. Dieser Begriff stammt aus vergangenen Tagen, in denen die Landwirte das Getreide in großen, mit Holzkohle befeuerten Pfannen, den »Darren«, für die anschließende Lagerung oder die weitere Verarbeitung trockneten.

Definition

Die Wäge-Trocknungs-Verfahren zählen zu den direkten Feuchtemessverfahren und beruhen auf der quantitativen Trennung der Oberflächen-

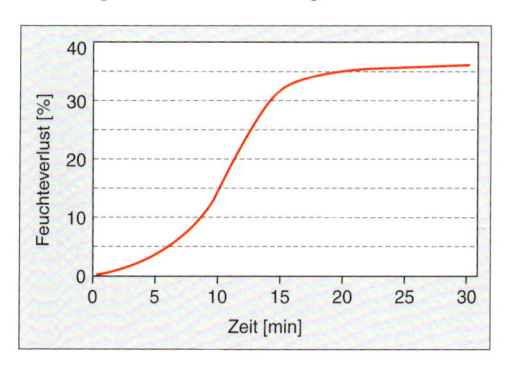

Direkte Messverfahren

*Abb. 2:
Typischer Verlauf eines Trocknungsprozesses*

und Kapillarfeuchte von einem Feststoff. Dazu wird das Messgut so lange getrocknet, bis sich der Gleichgewichtszustand eingestellt hat. Dieser ist erreicht, wenn das Gewicht des Messguts einen konstanten Wert annimmt, was sich durch wiederholtes Wiegen feststellen lässt (Abb. 2). Die Differenz zwischen dem Feucht- und dem Trockengewicht gibt den Feuchteverlust an, den das Messgut durch die Trocknung erfahren hat.

Zerstörerische Bestimmungsmethoden

Die thermogravimetrischen Verfahren zählen zu den zerstörerischen Bestimmungsmethoden, da für die Messung eine Probe entnommen wird, deren Materialeigenschaften sich durch die Erwärmung verändern.

Materialfeuchte

Generell versteht man unter der Materialfeuchte die Gesamtheit der flüchtigen Bestandteile, die in einem Körper enthalten sind oder seiner Oberfläche anhaften [1]. Tatsächlich hängt die genaue Definition aber von dem Messverfahren ab, das zur Bestimmung des Materialfeuchtegehalts verwendet wird (Abb. 3).

Definition vom Messverfahren abhängig

Bei den thermogravimetrischen Verfahren zur Materialfeuchtebestimmung unterscheidet man

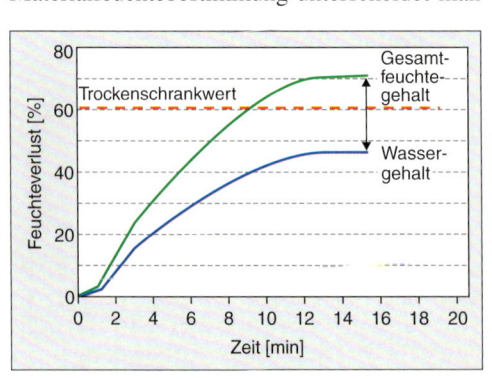

Abb. 3:
Wasser- und Feuchtegehalt bezeichnen in der Regel zwei unterschiedliche Größen

zwischen nicht selektiven und wasserselektiven Methoden. Abhängig von der Probenzusammensetzung und der gewählten Trocknungstemperatur verdunsten durch die Erwärmung das im Material enthaltene Wasser sowie Öle, Fette, organische Lösungsmittel und Aromastoffe. Wird die Trocknungstemperatur zu hoch gewählt, beginnt das Material sich zu zersetzen bzw. zu verbrennen, wobei neue flüchtige Substanzen entstehen können.

Bestimmt man den Feuchtegehalt also nur aus der Differenz zwischen dem Feucht- und dem Trockengewicht des Messguts, ist es nicht möglich, die einzelnen Komponenten zu unterscheiden, die zu dem gemessenen Gewichtsverlust beigetragen haben. Für die nicht selektiven Messverfahren lautet die korrekte Definition der Materialfeuchte daher:

Nicht selektive Messmethoden

Die ermittelte Materialfeuchte umfasst alle Bestandteile einer Substanz, die bei ihrer Erwärmung zu einem Gewichtsverlust geführt haben.

Anders verhält es sich bei der Anwendung wasserselektiver Messmethoden. Hier wird das verdunstende Wasser chemisch gebunden und auf diese Weise aus dem entstehenden Gasgemisch entfernt. Für diese Verfahren lautet die Definition:

Wasserselektive Messmethoden

Die Materialfeuchte entspricht der Menge an Wasser, das durch die Erwärmung aus der Substanz ausgetrieben wurde.

Allerdings sei an dieser Stelle nochmals darauf hingewiesen, dass die Bestimmung des Feuchtegehalts sowohl bei den nicht selektiven als auch bei den wasserselektiven Methoden auf der Ermittlung der Differenz zwischen

10 Grundlagen der thermogravimetrischen Feuchtebestimmung

Angabe des Feuchtegehalts

einem Feucht- und einem Trockengewicht beruht. Angegeben wird der Feuchtegehalt entweder als absolute Masse oder als Anteil in Gewichtsprozent. Am gebräuchlichsten ist es, den prozentualen Anteil der Feuchte (Feuchtegehalt) oder des Trockengewichts (Trockengehalt) bezogen auf das Ausgangsgewicht der Probe anzugeben. In der Baustoffindustrie hat sich auch die Angabe des Feuchtegehalts in ATRO (»bezogen auf das Trockengewicht«) etabliert, wobei man zwischen dem Verhältnis von ermittelter Feuchte zu verbliebenem Trockengewicht (ATRO (1)) und dem Verhältnis von Feucht- zu Trockengewicht (ATRO (2)) unterscheidet.

$$\frac{\text{Feuchtgewicht} - \text{Trockengewicht}}{\text{Feuchtgewicht}} \cdot 100\ \% = \text{Feuchtegehalt}$$

$$\frac{\text{Trockengewicht}}{\text{Feuchtgewicht}} \cdot 100\ \% = \text{Trockengehalt}$$

$$\frac{\text{Feuchtgewicht} - \text{Trockengewicht}}{\text{Trockengewicht}} \cdot 100\ \% = \text{ATRO (1)}$$

$$\frac{\text{Feuchtgewicht}}{\text{Trockengewicht}} \cdot 100\ \% = \text{ATRO (2)}$$

Prinzipieller Ablauf der Materialfeuchtebestimmung

Entnahme und Vorbereitung der Probe

Bei allen Verfahren zur Bestimmung des Materialfeuchtegehalts hat die Probenentnahme großen Einfluss auf die Qualität der Messergebnisse. Ein einzelner Messwert kann nur Auskunft darüber geben, welchen Feuchtegehalt das Material in unmittelbarer Umgebung der Stelle aufweist, an der die Probe entnommen wurde. Im Falle eines kontinuierlichen Materialstroms, wie er aus vielen Produktionsprozessen bekannt ist, wird man sich daher für eine Probenentnahme in fest definierten Zeitintervallen entscheiden, um repräsentative Ergebnisse zu erhalten.

Probenentnahme in definierten Zeitintervallen ...

In der Wareneingangs- oder Endkontrolle werden meist mehrere Einzelproben an verschiedenen Stellen entnommen. Man bestimmt dann entweder den Feuchtegehalt jeder einzelnen Probe und bildet den Mittelwert aus den Messwerten oder man vermischt die entnommenen Einzelproben wieder miteinander und führt die Messung an einer Probe aus diesem Gemisch durch.

... oder an verschiedenen Stellen

Es ist besonders wichtig darauf zu achten, dass die Probe bei der Entnahme und während der weiteren Vorbereitung keine Feuchte mit der Umgebung austauscht. Daher sollte man nur so viele Proben vorbereiten, wie unmittelbar gemessen werden können. Ist es doch notwendig, mehrere Proben zur gleichen Zeit für eine Messung zu entnehmen, sollten diese bis zu ihrer Verwendung luftdicht gelagert, also beispielsweise in eine Plastiktüte eingeschweißt oder in einer Polyethylenflasche mit Schraubverschluss aufbewahrt werden. Die Größe des Probenbehälters sollte der Probenmenge angepasst sein. Wird er nicht vollständig befüllt, kann die Probe Feuchtigkeit mit der Luft austauschen, die im Behälter verblieben ist, und so ihren Feuchtegehalt verändern. Warme Proben geben ihre Feuchte sehr schnell ab. Werden sie in einem Behälter aufbewahrt, bildet sich an den Wänden Kondensat. Bevor die Probe untersucht wird, muss dieses wieder homogen mit dem Probenmaterial vermischt werden, da die Messung sonst zu niedrige Werte liefert oder die Einzelwerte sehr stark streuen.

Probenlagerung

Muss die Probe vor der Messung zerkleinert werden, darf bei dieser Tätigkeit keine Rei-

Probenzerkleinerung

Abb. 4:
Mörser zur Zerkleinerung einer Probe

bungswärme entstehen. Dies würde bereits im Vorfeld der Messung zu einem Feuchteverlust führen, der in den Messergebnissen keine Berücksichtigung findet. Ein hilfreiches Instrument zur Zerkleinerung von Proben ist ein Mörser (Abb. 4). Handelt es sich um Substanzen, die sich nur schwer zerkleinern lassen, sollte man eine handbetriebene Mühle verwenden, da elektrische Mahlwerke mit hohen Drehzahlen viel Reibungswärme erzeugen. Darüber hinaus überträgt der meist ungekapselte Motor weitere Wärme auf das Probenmaterial.

Zur Homogenisierung von Flüssigkeiten mit Feststoffanteilen oder pastösen Proben leisten Glasstäbe, Löffel oder Magnetrührer gute Dienste. Auch in diesem Fall ist darauf zu achten, dass die Arbeit möglichst schnell ausgeführt wird, um den Austausch von Feuchte mit der umgebenden Luft gering zu halten.

Die Probenerwärmung

Erwärmungsprinzipien: Konvektion ...

Die Erwärmung der Probe beruht in der Regel darauf, dass durch Konvektion oder Absorption Energie auf das Messgut übertragen wird. Bei der Konvektionstrocknung überströmt heiße Luft die Probenoberfläche. Dabei überträgt sie einen Teil ihrer Energie auf das Messgut und erwärmt es. Bei der Absorptionstrocknung verwendet man zur Probenerwärmung elektromagnetische Strahlung aus dem Infrarot-(IR-) oder Mikrowellenbereich. Das Messgut absorbiert einen Teil dieser Strahlung und erwärmt sich dabei.

... und Absorption

Für beide Erwärmungsprinzipien gilt allerdings, dass das Erreichen einer Gewichtskonstanz nicht immer mit der vollständigen Trocknung der Probe gleichzusetzen ist. Das Gewicht bleibt konstant, sobald sich zwischen dem Dampfdruck in der Probe und der umgebenden Luft ein Gleichgewicht eingestellt hat. Daher ist es sehr wichtig, während der Trocknung ständig frische Luft zuzuführen, um die verdampfende Feuchte aus dem Probenraum zu entfernen.

Bedingungen für Gewichtskonstanz

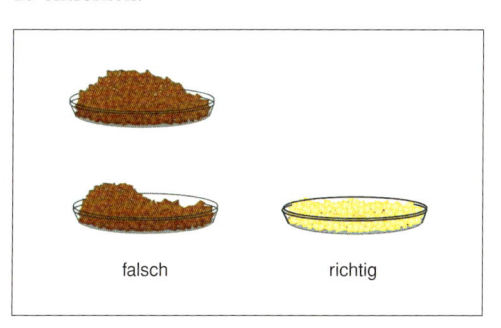

Abb. 5:
Falsche und richtige Verteilung der Probe auf der Schale

Um reproduzierbare Ergebnisse zu erhalten ist es unerlässlich, die Probe in einer gleichmäßig dünnen Schicht auf einer Schale zu verteilen (Abb. 5). Eine ungleichmäßige Verteilung oder eine zu groß gewählte Probenmenge hat eine inhomogene Wärmeverteilung im Messgut zur Folge. Dadurch kann sich die Messzeit unnötig verlängern, in anderen Fällen wird die Probe nicht mehr vollständig getrocknet, was dazu führt, dass die ermittelten Messergebnisse nicht reproduzierbar und daher unbrauchbar sind.

Verteilung der Probe auf der Schale

14   Grundlagen der thermogravimetrischen Feuchtebestimmung

Bestimmung der Gewichtsdifferenz

Wichtiger Bestandteil der thermogravimetrischen Feuchtebestimmung ist die Messung der Gewichtsdifferenz zwischen dem feuchten und dem getrockneten Messgut.

Einsatz von Wägesystemen

Das Gewicht eines Körpers ist auf die von der Erde ausgeübte Massenanziehung zurückzuführen. Diese Gewichtskraft zu messen ist die Aufgabe einer Waage [2]. Das Verfahren, das Gewicht eines Körpers durch den Vergleich mit einer bekannten Masse zu bestimmen, kam bereits in der Antike zur Anwendung. Als Messinstrument diente die Balkenwaage, die eine ebenso einfache wie auch überzeugende Konstruktion besitzt: Ein Balken ist frei beweglich so auf einer Schneide gelagert, dass er sich im unbelasteten Zustand horizontal ausrichtet, also »in Waage« ist (Abb. 6, [2]).

Abb. 6:
Konstruktionsprinzip
einer zweiarmigen
Balkenwaage
1 Balken
2 Schneide
3 Probenschalen

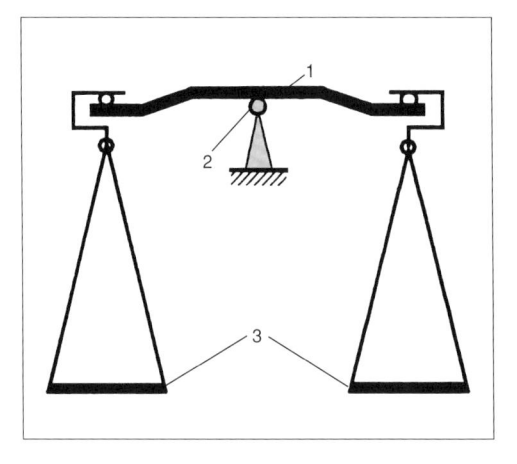

Belastet man eine der an seinen Enden eingehängten Probenschalen mit einem Wägegut, neigt sich der Balken unter der Gewichtskraft in die entsprechende Richtung. Zum Ausgleich werden nun auf die andere Schale Gewichte gelegt, die ihrerseits eine Gewichtskraft ausüben.

Sind die Massen auf beiden Schalen gleich groß, heben sich die Kräfte gegenseitig auf und der Balken kehrt in seine Ausgangsposition zurück.
Neue Werkstoffe und Konstruktionsprinzipien haben die Balkenwaage inzwischen nahezu völlig ersetzt. Moderne Laborwaagen sind heute mit elektronischen Wägesystemen ausgestattet, die auf zwei Prinzipien beruhen [2].
Laborwaagen mit DMS-Technologie besitzen einen Federkörper als Wägesystem, auf den ein Dehnungsmessstreifen (DMS) aufgeklebt ist (Abb. 7). Durch die Belastung mit dem Wägegut erfährt der Federkörper eine mechanische Verformung, die auf den Dehnungsmessstreifen übertragen wird. Damit ist eine Änderung des Leiterquerschnitts des DMS verbunden, die wiederum zu einer messbaren Änderung seines elektrischen Widerstands führt.

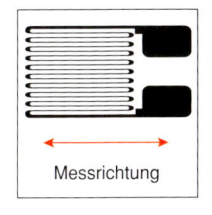

Abb. 7:
Dehnungsmessstreifen

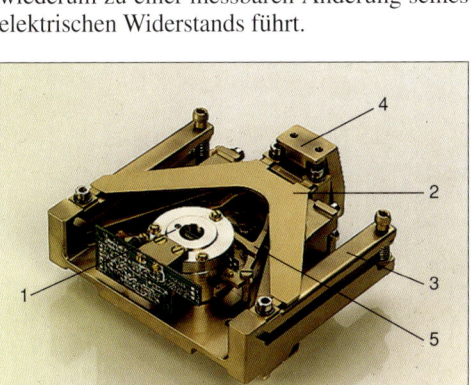

Abb. 8:
Blick in ein Wägesystem mit elektromagnetischer Kraftkompensation
1 Magnetspule
2 Lenker
3 Ecklasteinstellhebel
4 Lastaufnehmer
5 Übersetzungshebel

Eine höhere Auflösung erreichen Waagen mit elektromagnetischer Kraftkompensation (EMK) (Abb. 8). Die vom Wägegut ausgeübte Gewichtskraft verändert die Position der Waagschale. Das Magnetfeld einer stromdurchflossenen Spule kompensiert die Kraftwirkung des Wägeguts und führt die Waagschale wieder exakt in ihre Ausgangsposition zurück. Aus der Stärke des Stroms lässt sich

16 Grundlagen der thermogravimetrischen Feuchtebestimmung

Ablesbarkeit	Bezeichnung	übliche Höchstlast
0,1 µg	Ultramikrowaage	≤ 5 g
1 µg	Mikrowaage	1–25 g
10 µg	Halbmikro- oder Semimikrowaage	30–200 g
0,1 mg	Makro- oder Analysenwaage	50–500 g
≥ 1 mg	Präzisionswaage	≥ 100 g

Tab. 1:
Klassifizierung von Laborwaagen nach Ablesbarkeit und üblicher Höchstlast

anschließend die erzeugte Gegenkraft errechnen und somit das Gewicht des Wägeguts herleiten.

Tabelle 1 liefert eine Übersicht über die verschiedenen Laborwaagen. Sie werden entsprechend ihrer Ablesbarkeit in fünf Klassen eingeteilt.

Thermogravimetrische Verfahren

Die Wahl der Messmethode

Welche Methode zur Bestimmung des Feuchtegehalts einer Substanz ausgewählt wird, hängt von verschiedenen Faktoren ab – z. B. davon, ob Normen den Einsatz bestimmter Methoden vorschreiben, welcher zeitliche Rahmen für eine Messung vorgegeben ist oder ob der selektive Nachweis von Wasser gefordert wird. Auch der Platzbedarf der benötigten Geräte und der Ausbildungsstand der Mitarbeiter beeinflussen die Methodenwahl.

Auswahlkriterien

So wird ein Anwender in der Produktionskontrolle in der Regel dem Verfahren den Vorzug geben, das ihm rasch ein Messergebnis liefert und ihm somit die Möglichkeit gibt, schnell in den Fertigungsprozess einzugreifen. In diesen Fällen werden vor allem Infrarot- und Mikrowellen-Feuchtemessgeräte verwendet. Messungen, die der Eichpflicht unterliegen (z. B. Messungen zur Preisgestaltung im Rohstoffhandel oder zur Überprüfung von Substanzen für die Humanmedizin) werden vorwiegend mit dem Trockenschrank durchgeführt. Erfordert die Verarbeitung eines Materials die Kenntnis des genauen Wassergehalts, wird man unter den thermogravimetrischen Verfahren die wasserselektive Phosphorpentoxidmethode wählen.

Beispiele: Produktionskontrolle, …

… eichpflichtige Messungen

Die Trockenschrankmethode

Aufbau

Unter den heute gebräuchlichen Wäge-Trocknungs-Verfahren ist die Trockenschrankmethode das älteste und das weltweit am häufigs-

18 Thermogravimetrische Verfahren

Komponenten des Trockenschranks

ten verwendete Verfahren. Aufbau und Funktionsweise eines Trockenschranks lassen sich am ehesten mit denen eines auf industrielle Bedürfnisse abgestimmten Backofens vergleichen. Der Trockenschrank besteht aus einem Metallgehäuse, in dem sich Heizschlangen befinden, die die Luft im Inneren erwärmen. Ein Ventilator sorgt für die Verteilung der heißen Luft im ganzen Probenraum. Je nach Kundenanforderung sind Trockenschränke in den unterschiedlichsten Bauformen und -größen erhältlich – vom kleinen, handlichen Modell, das auf einem Labortisch Platz findet, bis hin zum raumfüllenden Schrank, der Platz für mehrere hundert Proben bietet.

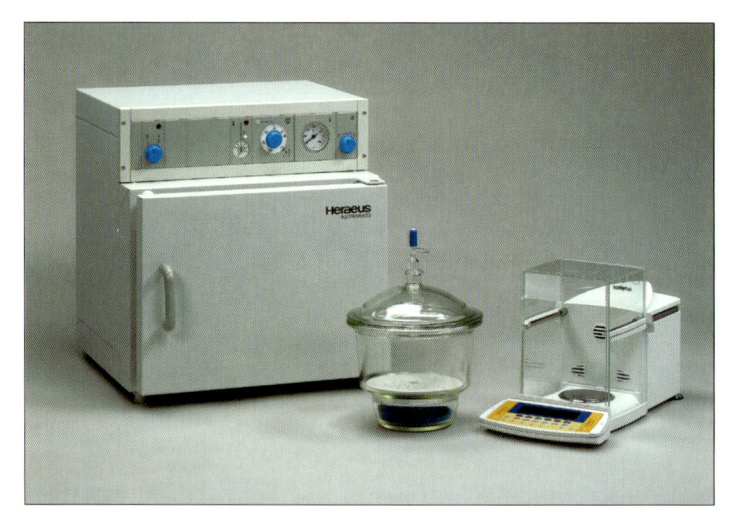

Abb. 9:
Trockenschrank (links), externe Analysenwaage (rechts) und Exsikkator zur Aufbewahrung der Probe (Mitte)

Jedoch erlaubt es ein Trockenschrank allein noch nicht, den Feuchtegehalt einer Substanz zu ermitteln. Eine Waage mit geeigneter Auflösung zur Bestimmung von Feucht- und Trockengewicht der Probe bildet die zweite wichtige Komponente. Einige Hersteller führen in ihrem Programm Trockenschränke, in die bereits eine Waage integriert ist. Weitaus häufiger wird die Waage allerdings als separates Gerät unabhängig vom Trockenschrank betrieben (Abb. 9).

Integriertes oder separates Wägesystem

Erwärmungsprinzip
Die Trockenschrankmethode beruht auf dem Prinzip der Konvektionstrocknung (Abb. 10). Über die Oberfläche der Probe wird heiße Luft einer Temperatur zwischen 103 und 107 °C geleitet, die zunächst dafür sorgt, dass die Feuchte aus den oberen Schichten der Probe verdampft. Im Inneren der Probe bildet sich ein Feuchtegradient aus, der bewirkt, dass die Feuchte aus den tieferen Schichten zur Probenoberfläche diffundiert.

Um Proben zu trocknen, die bei Temperaturen um 103 °C bereits verbrennen würden, oder um die Trocknungszeiten zu verkürzen, bietet der Handel auch Trockenschränke an, in denen zusätzlich ein Vakuum erzeugt wird: Da der Siedepunkt von Flüssigkeiten mit abnehmendem Luftdruck sinkt, lassen sich hitzeempfindliche Substanzen somit bei geringerer

*Abb. 10:
Aufbau eines
Trockenschranks
mit externer Waage
(schematisch)*

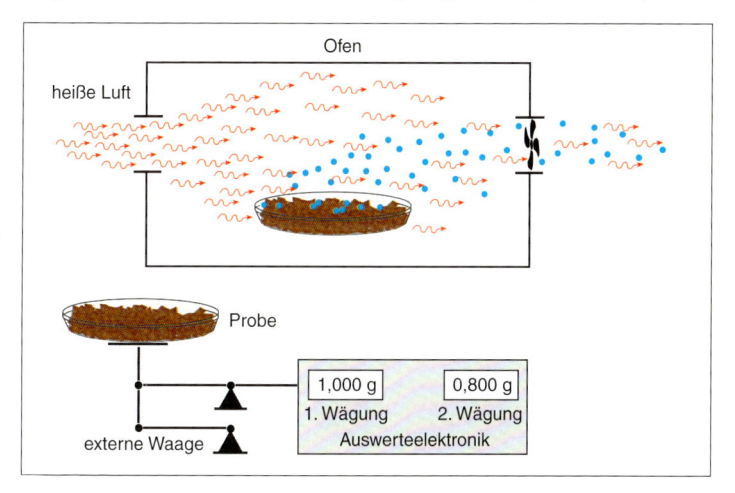

20   Thermogravimetrische Verfahren

Temperatur schonend und trotzdem schnell trocknen.

Nicht selektives Verfahren
Die Trockenschrankmethode gehört zu den nicht selektiven Methoden, da im Verlauf der Trocknung neben Wasser noch andere, leicht flüchtige Bestandteile aus dem Messgut verdampfen. Deren Anteil ist probenspezifisch und unterliegt insbesondere bei natürlichen Rohstoffen Schwankungen. Schwer flüchtige Bestandteile werden bei der Trocknung im Trockenschrank hingegen nur in geringem Umfang ausgetrieben; daher ist es mit dieser Methode nicht möglich, die Materialfeuchte im Sinne der zuvor gegebenen Definition vollständig zu bestimmen.

Durchführung einer Messung

Der erste Schritt einer Messung besteht darin, das Leer- oder auch Taragewicht der meist aus Glas oder Porzellan bestehenden Probenschale zu bestimmen. In diese Schale gibt man anschließend das Messgut und ermittelt dessen exaktes Gewicht auf einer Analysenwaage. Es folgt eine einstündige Trocknung der Probe im Trockenschrank, an die sich eine 20-minütige Abkühlphase anschließt.

Einwaage und Trocknung der Probe

Um zu verhindern, dass die Probe während der Abkühlung Luftfeuchtigkeit aufnimmt, wird sie in einem Exsikkator zwischengelagert. Dabei handelt es sich um einen druckbeständigen Glasbehälter mit doppeltem Boden, der teilweise mit Kieselgel befüllt ist. Das Kieselgel entzieht der Luft den enthaltenen Wasserdampf und schützt die trockene Probe so vor einer Rückbefeuchtung.

Abkühlung vor der Rückwaage
Die Abkühlung auf Raumtemperatur ist erforderlich, da die Luft an der Grenzschicht zwischen der heißen Probe und der kühlen Umgebung zu zirkulieren beginnt. Die Probe erfährt dadurch einen Auftrieb, der sie leichter erscheinen lässt. Dieser, wenn auch sehr geringe, Ge-

wichtsunterschied wird von einer hoch empfindlichen Analysen- bzw. Halbmikrowaage erfasst und führt zu einer Verfälschung der Messergebnisse. Zudem erwärmt das heiße Wägegut die Mechanik der Waage, was zu Verspannungen im Wägesystem und wiederum zu falschen Ergebnissen führt – man spricht in einem solchen Fall von einer Temperaturdrift der Waage.

Hat man die Schale und die abgekühlte Probe gewogen, muss die Trocknung fortgesetzt werden, da eine Gewichtskonstanz anhand einer einzigen Rückwägung nicht festgestellt werden kann. Die Probe wird also abermals für 30 min im Ofen getrocknet, im Exsikkator abgekühlt und erneut gewogen. Diese Arbeitsschritte werden so oft wiederholt, bis man in drei aufeinander folgenden Rückwägungen das gleiche Ergebnis erhält. Erst jetzt besteht die Gewissheit, dass sich der Gleichgewichtszustand eingestellt hat.

Wiederholung der Arbeitsschritte …

… bis zur Gewichtskonstanz

Anhand der Beschreibung des Arbeitsablaufs lässt sich nachvollziehen, warum die Materialfeuchtebestimmung im Trockenschrank zwischen 4 und 24 h in Anspruch nimmt. Diese langen Messzeiten sind ein wesentlicher Nachteil der Methode. In den Arbeitsvorschriften ist daher häufig festgelegt, dass vor der ersten Rückwägung eine mehrstündige Trocknung erfolgen muss, sodass sich einige der zeitraubenden Abkühlphasen einsparen lassen. Außerdem bietet ein Trockenschrank die Möglichkeit, mehrere Proben gleichzeitig zu trocknen. Auf diese Weise lässt sich bei einem großen Probenaufkommen wiederum die Messzeit verkürzen.

Nach der letzten Rückwägung von Probe und Schale wird der Masseverlust nach folgender Formel errechnet:

Berechnung des Masseverlusts

$$\frac{(m_E - m_t) - (m_R - m_t)}{(m_E - m_t)} \cdot 100\ \% = \text{Feuchtegehalt}$$

m_t: Taragewicht der leeren Schale
m_E: Masse der Einwaage (Schale und feuchte Probe)
m_R: Masse der Rückwaage (Schale und getrocknete Probe)

Seesandmethode Zuckerhaltige Substanzen neigen bei Erwärmung dazu, auf ihrer Oberfläche eine Haut oder Kruste zu bilden. Dadurch entsteht eine Kapillarsperre, deren Wirkung so stark sein kann, dass keine weitere Feuchte aus dem Messgut diffundiert. Um diesem Effekt entgegenzuwirken, versetzt man die Probe mit geglühtem Seesand. Dadurch vergrößert sich zum einen ihre Oberfläche, zum anderen bildet sich eine größere Anzahl von Kapillaren, über die die verdampfende Feuchte nach außen transportiert wird. Die beschriebene Methode dient auch dazu, die Trocknungszeit von Flüssigkeiten zu verkürzen.

Vorbereitung des Sands Die Menge an Seesand, die bei diesem Verfahren eingesetzt wird, muss exakt bekannt sein, damit ihr Gewicht bei der späteren Berechnung des Feuchteverlusts berücksichtigt werden kann. Es ist notwendig, den Seesand vor seiner Verwendung zu glühen, um die organischen Bestandteile, die den Sand verunreinigen, zu entfernen. Diese würden die spätere Messung verfälschen, weil sie während des Trocknungsprozesses verdampfen oder sich zersetzen und dadurch einen zusätzlichen Gewichtsverlust verursachen.

Die Trockenschrankmethode als international anerkanntes Referenzverfahren

Die Trockenschrankmethode ist ein vom Probenmaterial und Feuchtegehalt unabhängiges, universell einsetzbares Verfahren. Normen, die auf jahrzehntelangen Erfahrungen mit diesem Verfahren basieren, regeln heute die Bedingungen, unter welchen die Messungen durchzuführen sind. Die Parameter Probenmenge, Dauer der Trocknung und Trocknungstemperatur sind dabei materialspezifisch.

Die Trockenschrankmethode ist der einzige international anerkannte Standard zur thermogravimetrischen Bestimmung des Materialfeuchtegehalts. Da diese Methode auf dem Prinzip der Konvektionstrocknung beruht, kann die Temperatur der Luft, die die Probe erwärmt, mit einem geeichten Thermometer gemessen werden. Dies ist eine Grundvoraussetzung dafür, dass an einem beliebigen Ort eine Vergleichsmessung unter den gleichen Bedingungen durchgeführt werden kann. Aus diesem Grund dient die Trockenschrankmethode den meisten alternativen Feuchtemessverfahren, z. B. der Infrarot- oder Mikrowellentrocknung, aber auch elektrischen Methoden als Bezugsverfahren.

International anerkannter Standard

In Verbindung mit einer geeichten Waage stellt die Trockenschrankmethode ein eichfähiges Verfahren zur Materialfeuchtebestimmung dar. Zu diesem Zweck muss eine so genannte Bauartzulassung erteilt werden, in der die Gerätemerkmale und Messtoleranzen genau festgelegt sind. Die Einhaltung der beschriebenen Merkmale und Toleranzen wird in vorgegebenen Intervallen von Mitarbeitern der staatlichen Eichämter überprüft.

Eichfähige Ausführung

Feuchtebestimmung mit dem Infrarot-Feuchtemessgerät

Immer schneller ablaufende Fertigungsprozesse führten in den 70er Jahren zu der Forderung, eine Methode zur Bestimmung des Materialfeuchtegehalts zu entwickeln, die deutlich weniger Zeit in Anspruch nimmt. Gleichzeitig wollte man aber am bewährten Wäge-Trocknungs-Verfahren festhalten. Die Aufgabe bestand also darin, sowohl den zeitraubenden

Forderung nach schnelleren Verfahren

24 Thermogravimetrische Verfahren

Radiowellen	Mikrowellenstrahlung	Infrarotstrahlung			sichtbar	ultraviolette Strahlung	Gammastrahlung
		F	M	N			

Wellenlänge [m]: 10, 1, 10^{-1}, 10^{-2}, 10^{-3}, 10^{-4}, 10^{-5}, 10^{-6}, 10^{-7}, 10^{-8}, 10^{-9}, 10^{-10}

IR-Feuchtemessgerät

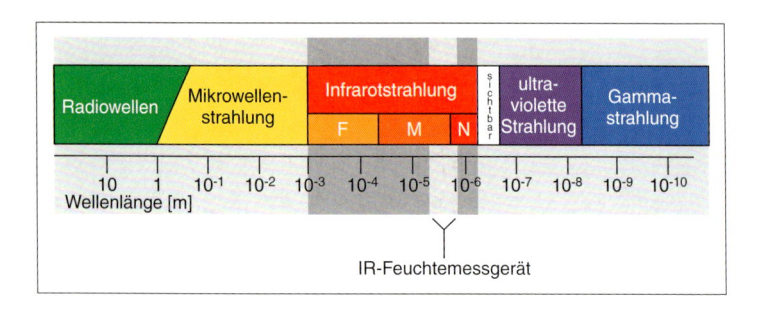

Abb. 11:
Ausschnitt aus dem elektromagnetischen Wellenspektrum

Prozess der Probenerwärmung zu verkürzen, als auch die aufwändigen Arbeitsschritte wie Probeneinwaage, Rückwägung und Berechnung der Gewichtsdifferenz zu vereinfachen.

Um eine im Vergleich zur Konvektionstrocknung schnellere Probenerwärmung zu erreichen, musste ein anderes Erwärmungsprinzip verwendet werden. Man entschied sich für die Absorptionstrocknung, bei der die Probe elektromagnetischer Strahlung aus dem Bereich des infraroten Wellenlängenbereichs (IR- oder auch Wärmestrahlung genannt) ausgesetzt wird (Abb. 11). Bei vergleichbarer Genauigkeit konnte die typische Messzeit so auf 5 bis 50 min herabgesetzt werden. Allerdings kann jeweils nur eine Probe vermessen werden.

Prinzip der Absorptionstrocknung

Aufbau

IR-Feuchtemessgeräte sind so konzipiert, dass Messungen an nahezu allen Arten von festen, pastösen und flüssigen Substanzen durchgeführt werden können. Eine Ausnahme stellen lediglich leicht entzündliche bzw. explosionsgefährliche Stoffe dar.

1973: Trocknungsaufsatz für Laborwaagen

Die ersten IR-Feuchtemessgeräte wurden 1973 entwickelt. Sie bestanden aus einer handelsüblichen halbelektronischen Laborwaage, auf die ein Modul mit der Heizeinheit aufgesetzt wurde. Diese Anordnung ermöglichte es, den Gewichtsverlust der Probe während der Trock-

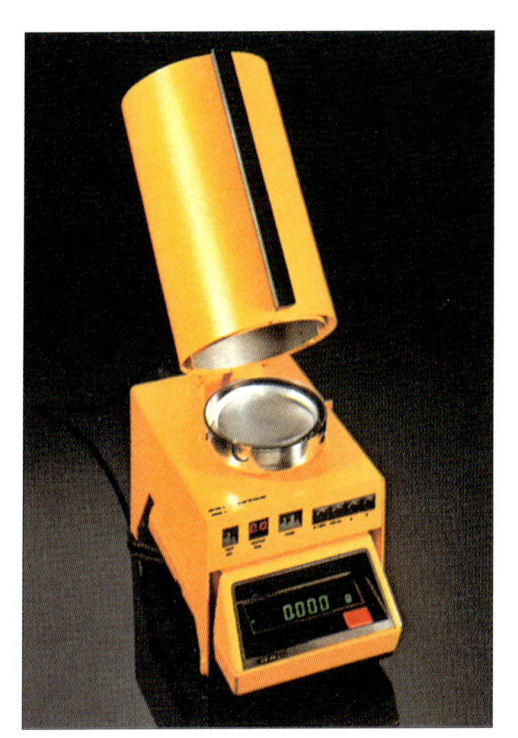

Feuchtebestimmung mit dem Infrarot-Feuchtemessgerät

*Abb. 12:
Modular aufgebautes Feuchtemessgerät, bestehend aus Laborwaage und aufgesetzter Heizeinheit (aus dem Jahr 1976)*

nung kontinuierlich zu überwachen (Abb. 12). Zu dieser Zeit wurde der Begriff »Trocknungswaage« geprägt.

Die Ansprüche an die Leistungsmerkmale und den Bedienkomfort von Trocknungswaagen stiegen ebenso schnell wie ihr Verbreitungsgrad und so ging 1987 aus einem Zubehörteil, dem »Trocknungsaufsatz für Laborwaagen«, das erste kompakte und eigenständig arbeitende IR-Feuchtemessgerät hervor. Bei dieser Konstruktion bilden das Heizelement, das Wägesystem und die erforderliche Elektronik eine Einheit (Abb. 13). Die Betriebstemperatur der Heizquelle wird über einen im Probenraum angebrachten Temperatursensor geregelt, der außer-

1987: erstes IR-Feuchtemessgerät

26 Thermogravimetrische Verfahren

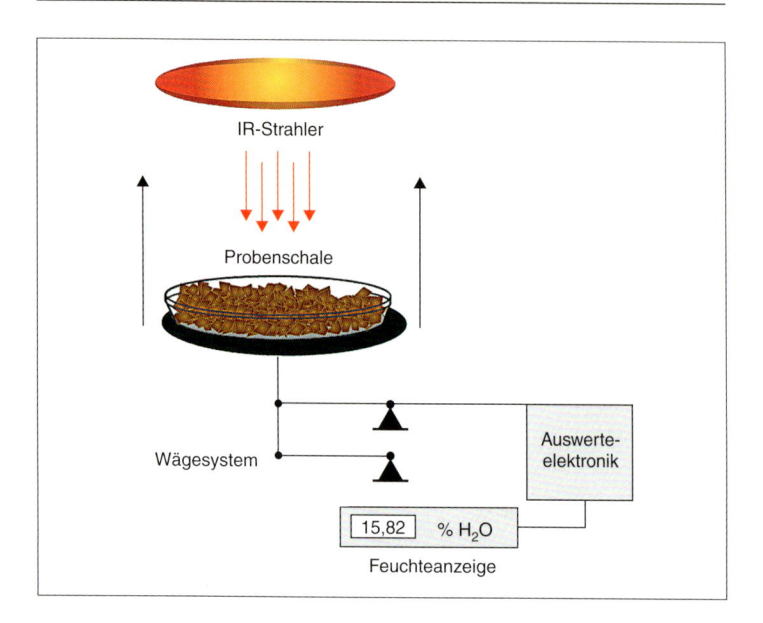

Abb. 13:
Aufbau eines IR-Feuchtemessgeräts (schematisch)

Einflüsse auf Strahlungsintensität und -verteilung

dem für eine konstante Energiezufuhr sorgt. Ist die eingestellte Trocknungszeit abgelaufen oder hat die Masse einen konstanten Wert erreicht, wird die Trocknung automatisch beendet.

Wie erwähnt bezeichnet man IR-Strahlung auch als Wärmestrahlung. Der Name rührt daher, dass jeder Körper, der Wärme abgibt, auch ein IR-Strahler ist. Das Vermögen, Strahlung im infraroten Bereich zu emittieren, ist also nicht an ein bestimmtes Material gebunden, allerdings beeinflussen Material, Farbe und Oberflächenbeschaffenheit des Körpers sowie ganz wesentlich seine Temperatur die Strahlungsintensität und die spektrale Verteilung. Für IR-Strahlung gelten die Gesetze der Optik, es ist also z. B. möglich, sie mithilfe eines Hohlspiegels zu bündeln und umzulenken. Die Aufgabe bestand nun darin, eine Strahlungsquelle zu entwickeln, die den überwiegenden Teil der zugeführten Energie in Form

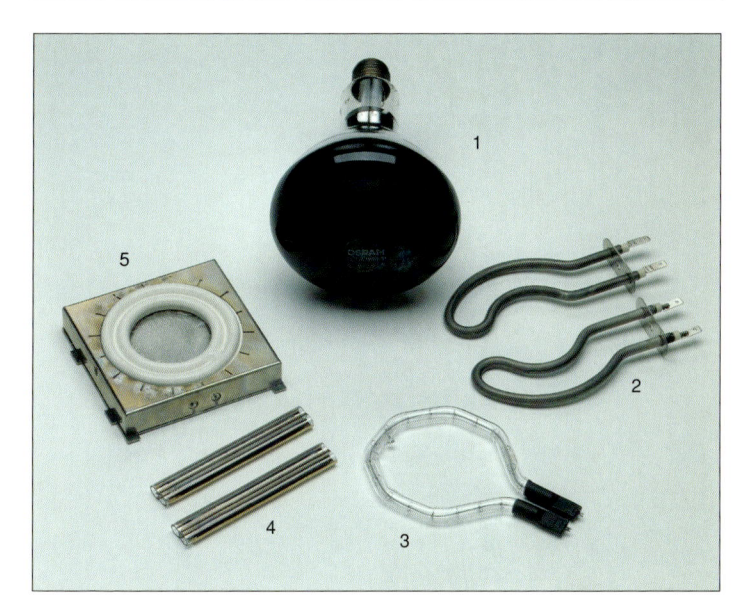

Feuchtebestimmung mit dem Infrarot-Feuchtemessgerät

infraroter Strahlung wieder abgibt. Abhängig von den gewünschten Eigenschaften stehen heute verschiedene Strahlertypen als Heizelemente zur Auswahl (Abb. 14).

Für den Einsatz unter rauen Umgebungsbedingungen, wie sie z. B. in der Wareneingangskontrolle oder im Produktionsbereich herrschen, haben sich robuste Metallrohrstrahler bewährt. Von Nachteil sind allerdings das träge Heizverhalten und die konstruktiv bedingte, inhomogene Wärmeverteilung, die dieser Strahlertyp auf der Probenoberfläche erzeugt.

Rotlichtlampe, Quarzglas- und Halogenstrahler zeichnen sich durch eine hohe Aufheizgeschwindigkeit und ein gutes Regelverhalten aus (Abb. 15). In der Aufheizphase wird die Zieltemperatur allerdings um bis zu 20 °C überschritten, daher eignet sich dieser Strahlertyp nicht zur Trocknung temperaturempfindlicher Substanzen. Die Wärmeverteilung

Abb. 14:
Übersicht über verschiedene IR-Heizelemente
1 Rotlichtlampe
2 Metallrohrstrahler
3 Halogenstrahler
4 Quarzglasstrahler
5 Keramikstrahler

Strahlertypen

Abb. 15:
Aufheizverhalten
verschiedener
Strahlertypen

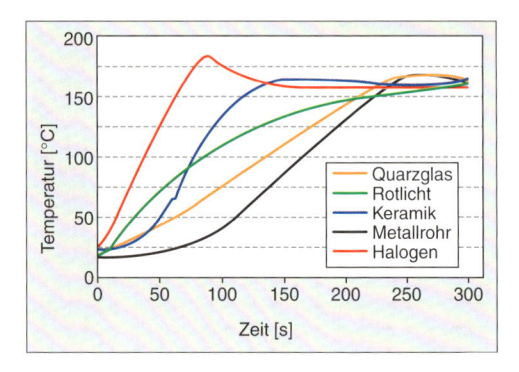

auf der Probenoberfläche ist auf Grund der Geometrie der Heizquelle ähnlich inhomogen wie beim Metallrohrstrahler.

Keramikstrahler stellen einen Kompromiss zwischen den zuvor genannten Heizquellen dar: Sie heizen sich zwar geringfügig langsamer auf als Rotlichtlampen, Quarzglas- und Halogenstrahler, dafür schwingt die Temperatur in der Aufheizphase nur um etwa 3 bis 5 °C über. Im Vergleich zu allen anderen verwendeten Heizquellen bietet der Keramikstrahler die homogenste Wärmeverteilung, was sich positiv auf die Messzeit sowie die Reproduzierbarkeit der Ergebnisse auswirkt (Abb. 16).

Abb. 16:
Wärmeverteilung
eines Keramik-
(links) und eines
Halogenstrahlers
(rechts) im Vergleich

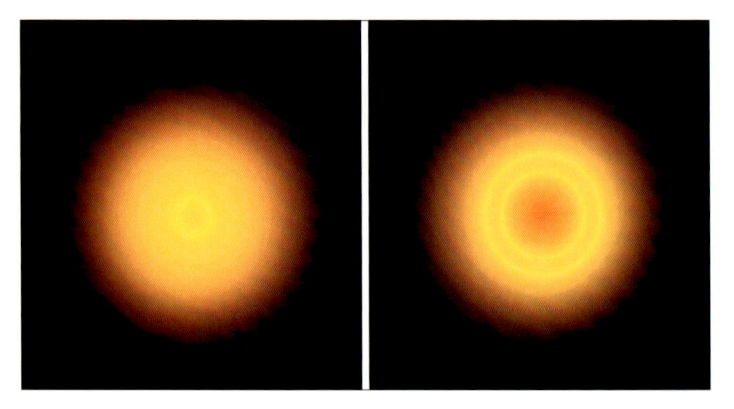

Neben dem Regelverhalten und der Homogenität der Wärmeverteilung entscheidet auch die spektrale Zusammensetzung der emittierten Strahlung über die Wahl der Heizquelle (Tab. 2). Wassermoleküle absorbieren bevorzugt Strahlung im mittleren Bereich des IR-Spektrums (dies entspricht einer Wellenlänge

Strahlertyp	Scheitelwellenlänge [µm]	Oberflächentemperatur [°C]	Spektralbereich
Metallrohrstrahler	2,8–4,3	400–750	mittleres bis fernes Infrarot
Rotlichtlampe	> 1,3	< 1950	nahes Infrarot
Keramikstrahler	2,8–5,0	310–750	mittleres Infrarot
Halogenstrahler	< 1,4	< 2200	nahes Infrarot
Quarzglasstrahler	2,1	1100	mittleres Infrarot

von 2,8 bis 5,0 µm). Genau in diesem Bereich emittieren Metallrohr- und Keramikstrahler.

Vor der Anschaffung eines IR-Feuchtemessgeräts ist also immer zu entscheiden, welche Eigenschaften der Heizquelle für die Anwendung besonders wichtig sind: ein gutes Aufheizverhalten, ein homogenes Temperaturfeld, eine robuste Konstruktion oder ein optimal auf die Probe abgestimmtes Emissionsspektrum.

Bei einem späteren Produktwechsel oder einer Produkterweiterung in der Fertigung kann sich herausstellen, dass der bisher verwendete Strahlertyp zur Trocknung der neuen Substanzen ungeeignet ist. Einige Anbieter sind deshalb dazu übergegangen, ihre Geräte so zu konstruieren, dass sie den Austausch der Heizquelle gegen einen neuen Strahlertyp mit wenigen Handgriffen ermöglichen (Abb. 17). Durch diese flexible Konstruktion lässt sich ein bestehendes Feuchtemessgerät optimal an

Tab. 2:
Scheitelwellenlänge und Oberflächentemperatur verschiedener IR-Strahlertypen

Austauschbare Heizquellen

30 Thermogravimetrische Verfahren

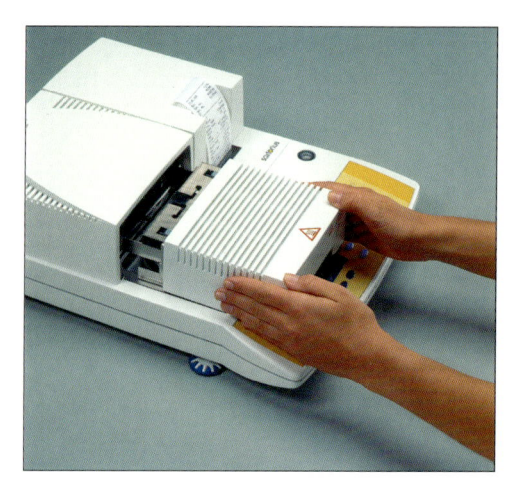

Abb. 17:
IR-Feuchtemessgerät
mit auswechselbarer
Heizquelle

veränderte Anforderungen anpassen. Neben zusätzlichen Anschaffungskosten entfällt außerdem die Notwendigkeit, die Mitarbeiter an einem neuen Gerät einzuarbeiten.

Wägesystem Einen weiteren wichtigen Bestandteil eines IR-Feuchtemessgeräts bildet schließlich das Wägesystem. Diese Systeme sind mit einer hochintegrierten Elektronik und einer Software ausgestattet, die automatisch die Differenz aus dem Feucht- und dem Trockengewicht berechnen und das Messergebnis auf dem Gerätedisplay anzeigen. Die Messgenauigkeit des Wägesystems liegt üblicherweise bei 1 mg. Neuere Modelle verfügen mit einem Auflösungsvermögen von 0,1 mg bereits über die Genauigkeit einer Analysenwaage. Die ermittelten Werte können über eine Schnittstelle an einen angeschlossenen PC übertragen oder in Form eines Ausdrucks protokolliert werden.

Erwärmungsprinzip

Strahlungsabsorption in der äußeren Schicht Die Erwärmung bzw. Trocknung der Probe erfolgt durch Strahlungsabsorption. Ein Teil der IR-Strahlung, die das Heizelement abgibt,

Feuchtebestimmung mit dem Infrarot-Feuchtemessgerät

wird von der Probenoberfläche reflektiert und/oder durchdringt die Substanz ungehindert (Transmission) (Abb. 18). Der verbleibende Anteil wird von der Substanz absorbiert, wobei ihre Moleküle in Schwingung versetzt werden, die Probe sich also erwärmt. Man spricht in diesem Fall von der Absorptionstrocknung.

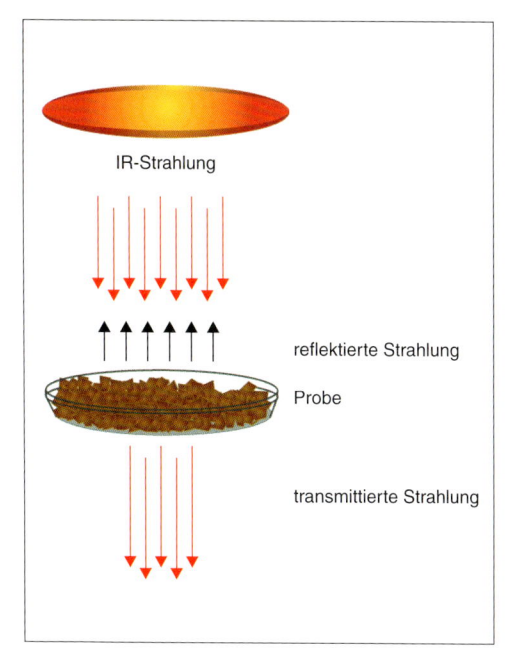

Abb. 18: Transmission und Reflexion von infraroter Strahlung (schematisch)

Die Eindringtiefe der Strahlung ist materialabhängig und beträgt erfahrungsgemäß 2 bis 5 mm. Ist die Schichtdicke der Probe größer, wird die Wärme in die tiefer liegenden Schichten weitergeleitet, indem bereits angeregte Moleküle Energie an ihre Nachbarmoleküle abgeben (Kontakterwärmung). Bei der Arbeit mit einem IR-Feuchtemessgerät werden relativ kleine Probenmengen mit einer Masse zwi-

Kontakterwärmung im Probeninneren

32 Thermogravimetrische Verfahren

Abhängigkeit des Absorptionsvermögens

schen 2 und 20 g und einer Schichtdicke von etwa 5 mm verwendet.

Farbe und Oberflächenbeschaffenheit der Probe haben einen großen Einfluss auf das Absorptionsvermögen und damit auf den Grad der Erwärmung. Helle oder glatte Flächen reflektieren die IR-Strahlung meist stärker als dunkle oder strukturierte Oberflächen. Das heißt, dass sich eine helle Probe bei gleicher Strahlungsintensität weniger stark erwärmen wird als eine dunkle Probe (Abb. 19).

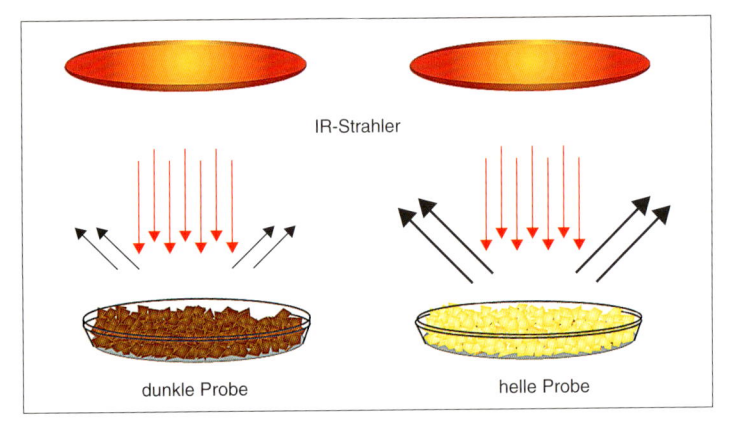

Abb. 19:
Reflexionsverhalten von Proben unterschiedlicher Farbe (schematisch)

Mit fortschreitender Trocknung verändern sich die physikalischen Eigenschaften der Probe. Der Feuchteverlust kann z. B. zu einem Nachdunkeln der Oberfläche führen, mit der Folge, dass das Absorptionsvermögen zunimmt und das Messgut stärker erwärmt wird. Darüber hinaus verringert sich bei vielen Substanzen mit sinkendem Feuchtegehalt die Wärmeleitfähigkeit. Die Veränderung von Absorptionsvermögen und Wärmeleitfähigkeit kann eine lokale oder sogar vollständige Zersetzung der Probe zur Folge haben.

Nicht selektives Verfahren

IR-Feuchtemessgeräte sind in der Lage, neben Wasser auch andere Bestandteile, sowohl leicht als auch schwer flüchtige, aus dem Messgut auszutreiben. Unter den nicht selektiven Bestimmungsmethoden liefert diese Methode daher Ergebnisse, die dem absoluten Feuchtegehalt einer Substanz am nächsten kommen (vgl. Kap. »Materialfeuchte«, S. 8).

Durchführung einer Messung
Gegenüber der Trockenschrankmethode hat sich der Arbeitsablauf bei der IR-Feuchtemessung stark vereinfacht. Der Anwender muss lediglich das integrierte Wägesystem nach Auflegen einer Probenschale auf Null tarieren und anschließend die Probe auf der Schale verteilen. Das exakte Einwiegen der Probe nimmt viel Zeit in Anspruch, daher besteht immer die Gefahr, dass die Substanz bei diesem Arbeitsschritt Feuchtigkeit mit der umgebenden Luft austauscht und ihren Ausgangszustand verändert. Bei IR-Feuchtemessgeräten wird daher auf eine vorab durchgeführte genaue Einwaage verzichtet und das Feuchtgewicht beim Schließen der Gerätehaube, also mit dem Start der Messung, automatisch vom integrierten Wägesystem ermittelt.

Um sicherzugehen, dass bei allen Messungen die gleiche Probenmenge verwendet wird, bietet es sich an, das Volumen von Flüssigkeiten mit einer Spritze oder Pipette, das von Feststoffen mit einem Spatel oder Löffel abzumessen. War das Feuchtemessgerät kurz zuvor in Betrieb oder verfügt es über einen aktivierten Temperatur-Standby, würde die warme Heizquelle die Probe bereits beim Aufbringen auf die Schale vortrocknen. Es empfiehlt sich in diesem Fall, das Messgut außerhalb des Geräts auf der Schale zu verteilen.

In zeitlichen Abständen von 90 ms bestimmt das Wägesystem das Probengewicht und überwacht so den Trocknungsverlauf. Ist das gewählte Abschaltkriterium z. B. die Gewichts-

Vereinfachter Arbeitsablauf

Automatische Überwachung der Trocknung

konstanz erreicht, wird die Messung beendet. Automatisch erfolgt auch die Berechnung des Feuchtegehalts in der gewünschten Darstellung als absoluter oder prozentualer Verlust. Die Einflüsse der Temperaturdrift, die zu einem Messfehler führen könnten, sind bereits in der Software dieser Systeme berücksichtigt und werden ebenfalls automatisch kompensiert.

Handhabung des Geräts

Die meisten IR-Feuchtemessgeräte sind mit einer Klapphaube ausgerüstet. Lässt man diese herabfallen oder schließt man sie zu schnell, wird das Gerät Erschütterungen ausgesetzt, die nicht nur die Gewichtsermittlung beeinflussen, sondern auch das empfindliche Wägesystem beschädigen können. Daher ist darauf zu achten, dass die Haube auf dem letzten Drittel des Weges langsam abgesenkt und schließlich vorsichtig abgesetzt wird.

Abhängig von der Geschwindigkeit, mit der die Gerätehaube abgesenkt wird, kann es im Probenraum zu einem Luftstau kommen, der einen Messfehler verursacht. Wird die Haube zu schnell abgesenkt, wirkt sie wie ein Fächer. Die Luft drückt auf die Probenschale und erzeugt eine Kraft, die das Gewicht der Probe scheinbar erhöht. Nach dem Druckausgleich verringert sich das Gewicht der Probe plötz-

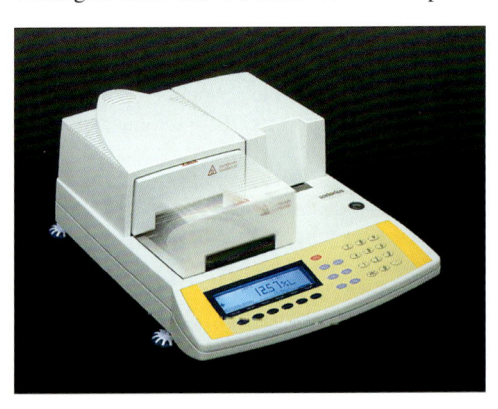

Abb. 20:
IR-Feuchtemessgerät mit motorisch bewegter Heizeinheit, die zum Verschließen des Probenraums dient

Feuchtebestimmung mit dem Infrarot-Feuchtemessgerät

lich wieder. Bei Geräten der gehobenen Leistungsklasse wird der Probenraum entweder motorisch verschlossen oder die Probe wird automatisch in einen sonst abgeschlossenen Probenraum eingeführt, sodass die genannten Fehler vermieden werden (Abb. 20).

Um flüssige oder pastöse Substanzen zu trocknen, verwendet man bei IR-Feuchtemessgeräten anstelle von Seesand einen Glasfaserfilter. Ein solcher Filter saugt die Flüssigkeit auf wie ein Schwamm und verteilt sie durch seine Kapillaren gleichmäßig über die zur Verfügung stehende Fläche (Abb. 21). Während sich viele Flüssigkeiten – direkt auf die Probenschale

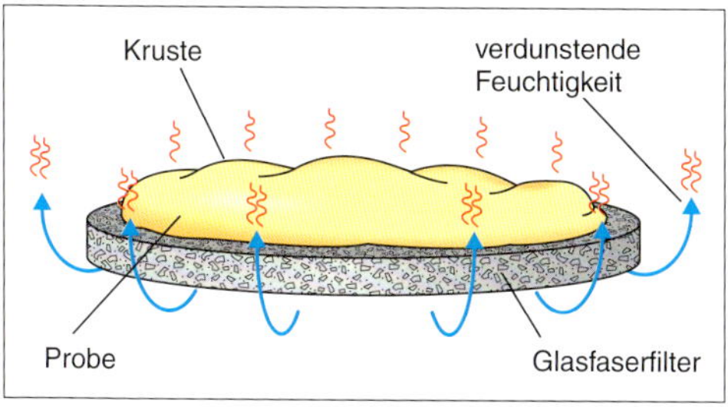

Einsatz von Glasfaserfiltern

Abb. 21: Arbeitsweise eines Glasfaserfilters (schematisch)

aufgetropft – unter Wirkung der Oberflächenspannung zusammenziehen und Tropfen bilden, verteilen sie sich bei der Verwendung eines Glasfaserfilters in kurzer Zeit über die ganze Schale. Auf Grund der größeren Oberfläche verdunstet die Feuchte schneller, wodurch sich die Messzeit um bis zu 70 % reduzieren lässt.

Bei temperaturempfindlichen Substanzen kann es im Verlauf der Trocknung zu lokalen Überhitzungen und damit zu Verbrennungen kommen. Ein Absenken der Trocknungstemperatur zum Schutz des Messguts hätte jedoch eine verlängerte Messzeit zur Folge. Ein Glasfaserfilter, auf das Messgut gelegt, schützt vor Überhitzung – vorausgesetzt, die ganze Probenoberfläche wird abdeckt (Abb. 22).

Vorteile

Abb. 22:
Probe mit aufgelegtem Glasfaserfilter (schematisch)

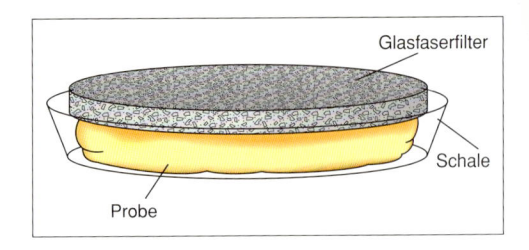

Ein weiterer Nutzen des Glasfaserfilters besteht darin, dass er unterschiedliche Probentypen mit einer einheitlichen Oberfläche versieht. In einfachen Feuchtemessgeräten der Standardklasse ist meist nur ein Trocknungsprogramm gespeichert. Soll das Gerät im Routinebetrieb nicht nur zur Überprüfung eines einzigen Materialtyps eingesetzt werden, müssen die Geräteparameter ständig geändert werden. Deckt man das Messgut mit einem Glasfaserfilter ab, besteht bis zu einem gewissen Grad die Möglichkeit, das Erscheinungsbild unterschiedlicher Substanzen zu »vereinheitlichen« und somit identische Betriebsparameter zu nutzen. Diese Methode hat sich insbesondere bei der Untersuchung fetthaltiger Produkte bewährt.

Probenschalen

Nahezu alle Hersteller bieten für ihre Feuchtemessgeräte Einwegschalen aus Aluminium an. Dies hat zwei Gründe: Zum einen würden Mehrwegschalen aus einem stabileren Material den Wägebereich der meisten Geräte überschreiten. Zum anderen lässt sich bei Verwendung von Mehrwegschalen nur dann eine hohe Reproduzierbarkeit der Messergebnisse erreichen, wenn die Schalen rückstandslos von Probenresten und Reinigungsmitteln befreit werden.

Um Kosten zu sparen, fertigen Anwender ihre Probenschalen aus Aluminiumfolie häufig selbst. Von dem Einsatz solcher Schalen ist allerdings abzuraten, da deren meist faltenrei-

Feuchtebestimmung mit dem Infrarot-Feuchtemessgerät 37

Problem	Gegenmaßnahme
Die Probe verbrennt.	• Die Temperatur senken • Einen Glasfaserfilter auf die Probe legen • Die Probenmenge verringern und gleichmäßig verteilen • Ein geeignetes halbautomatisches Abschaltkriterium oder eine Zeitabschaltung wählen • Stufenweise mit Zeitintervallen bei sinkenden Temperaturen trocknen
Die Messzeit ist zu lang.	• Die Temperatur erhöhen • Die Probenmenge verringern • Das Gerät durch eine Leermessung[1] vorheizen
Ergebnisse und Temperatur sind in Ordnung, aber die Messzeit ist zu lang.	Den Wechsel der Abschaltung auf die Halbautomatik vornehmen
Die Probe verliert vor Messbeginn Gewicht.	Die Schale entnehmen und Probe außerhalb des Geräts aufbringen
Die Probe ist flüssig oder pastös.	Einen Glasfaserfilter verwenden
Die Probe besitzt nur eine geringe Feuchte.	Die Probenmenge erhöhen
Die Ergebnisse sind trotz aller Sorgfalt nicht ausreichend reproduzierbar.	Den Wechsel des Abschaltkriteriums von Vollautomatik auf Halbautomatik oder Zeitabschaltung vornehmen
Bei einer Probe mit geringem Feuchtegehalt werden zu hohe Werte ermittelt, obwohl sie nicht verbrennt.	Die Schale/den Glasfaserfilter mit einer Leermessung[1] vortrocknen, da gegebenenfalls eine Feuchtigkeitsaufnahme durch falsche Lagerung oder durch Fett oder Schweiß (der Hand) entstanden ist

[1] Für eine Leermessung ist das Gerät ohne Schale und Filter zu tarieren. Anschließend werden Schale und Filter auf den Schalenhalter gelegt und die Trocknung gestartet

Tab. 3: Probleme, die bei der IR-Feuchtemessung auftreten können, und geeignete Gegenmaßnahmen

che, unregelmäßige Oberfläche eine große Angriffsfläche für die heiße, zirkulierende Luft bietet. An der Schale können dadurch große Auftriebskräfte entstehen, die erhebliche Messfehler nach sich ziehen.

Zur Untersuchung von Proben mit einem erwarteten Feuchtegehalt unter 1 % ist es ratsam, die Probenschale und – sofern man ihn benötigt – den Glasfaserfilter zwei bis drei Minuten vorzutrocknen, sodass anhaftendes Fett und Oberflächenfeuchte verdampfen. Geschieht dies nicht, verflüchtigen sich die Rückstände während der Feuchtemessung und verfälschen das Messergebnis. In Tabelle 3 sind nochmals einige der wichtigsten Probleme, die bei der Durchführung einer Messung auftreten können, und die erforderlichen Gegenmaßnahmen zusammengestellt.

Abgleich auf ein Referenzverfahren

Problem: Messung der Probentemperatur

Schwierig gestaltet sich bei der Verwendung einer IR-Heizquelle die Messung der Probentemperatur. Bei der Wahl der Trocknungsparameter muss sichergestellt werden, dass das Messgut einerseits ausreichend getrocknet, andererseits aber nicht überhitzt wird.

Bei der Trockenschrankmethode besitzt das Messgut bei Erreichen des Gleichgewichtszustands dieselbe Temperatur wie die Luft im Probenraum, in der Regel also zwischen 103 und 107 °C. Anders liegen die Verhältnisse bei einem IR-Feuchtemessgerät. Eine Bestimmung der Probentemperatur z. B. über die Temperatur der Heizquelle ist nicht möglich, da die Eigentemperatur der Probe durch ihr materialspezifisches Absorptionsvermögen festgelegt wird. Auch ein Temperaturfühler eignet sich nicht zur Bestimmung der Probentemperatur. Er besteht aus einem anderen Material als die Probe und wird sich deshalb anders erwärmen als diese. Beispielsweise liefert

Abb. 23 (gegenüber): Vorgehensweise zur Optimierung der Betriebsparameter eines IR-Feuchtemessgeräts für den Abgleich auf einen Referenzwert

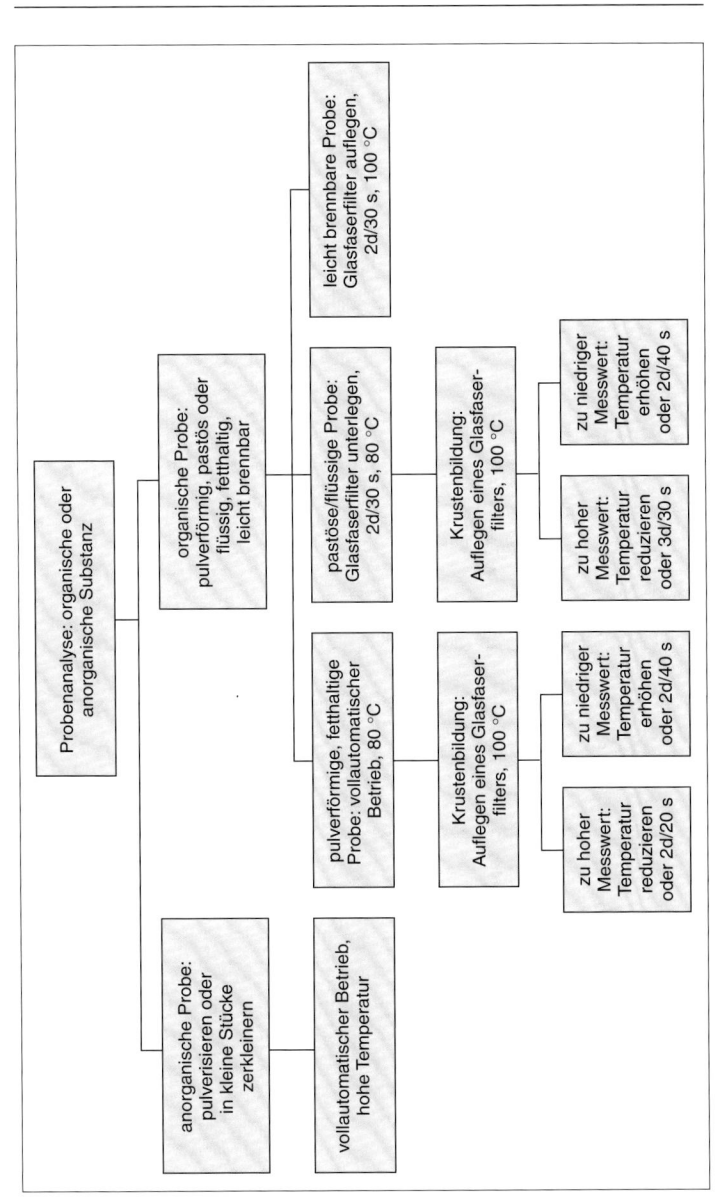

Feuchtebestimmung mit dem Infrarot-Feuchtemessgerät

```
Probenanalyse: organische oder anorganische Substanz
├── anorganische Probe: pulverisieren oder in kleine Stücke zerkleinern
│   └── vollautomatischer Betrieb, hohe Temperatur
└── organische Probe: pulverförmig, pastös oder flüssig, fetthaltig, leicht brennbar
    ├── pulverförmige, fetthaltige Probe: vollautomatischer Betrieb, 80 °C
    │   └── Krustenbildung: Auflegen eines Glasfaserfilters, 100 °C
    │       ├── zu hoher Messwert: Temperatur reduzieren oder 2d/20 s
    │       └── zu niedriger Messwert: Temperatur erhöhen oder 2d/40 s
    ├── pastöse/flüssige Probe: Glasfaserfilter unterlegen, 2d/30 s, 80 °C
    │   └── Krustenbildung: Auflegen eines Glasfaserfilters, 100 °C
    │       ├── zu hoher Messwert: Temperatur reduzieren oder 3d/30 s
    │       └── zu niedriger Messwert: Temperatur erhöhen oder 2d/40 s
    └── leicht brennbare Probe: Glasfaserfilter auflegen, 2d/30 s, 100 °C
```

ein Quecksilberthermometer, das unter einem IR-Strahler positioniert wird, andere Temperaturwerte als ein Thermoelement.

Experimentelle Ermittlung der Messparameter

Da es keine allgemein gültigen Vorgaben für die Parametereinstellung eines IR-Feuchtemessgeräts gibt, müssen diese experimentell ermittelt werden. Es ist ratsam, das bisher verwendete Feuchtemessverfahren oder, falls noch keine Erfahrungen vorliegen, die Trockenschrankmethode als Referenzverfahren heranzuziehen. Die materialspezifische Trocknungstemperatur und die Kriterien, die das Ende der Messung definieren, müssen in diesem Fall in einer Reihe von Versuchen erarbeitet werden.

Praktische Vorgehensweise

Für den Abgleich ist eine ausreichend große Probenmenge bereitzustellen, die in zwei Hälften geteilt wird. Zunächst wird der Feuchtegehalt der einen Probenhälfte nach dem Referenzverfahren ermittelt. Mittelwert und Standardabweichung dieser Messreihe dienen als Zielvorgaben für den Abgleich des IR-Feuchtemessgeräts.

Mit der zweiten Probenhälfte wird nun im IR-Feuchtemessgerät eine Messreihe aufgenommen, um die bestmögliche Parametereinstellung für dieses Gerät zu bestimmen. Hierzu modifiziert man schrittweise die Temperatureinstellungen und/oder die Abschaltkriterien, bis das Messergebnis mit dem der Referenzmethode übereinstimmt (Abb. 23 und 24). Um die Einstellungen zu verifizieren, wird schließlich eine zweite Versuchsreihe durchgeführt.

In der Regel nimmt der Abgleich des IR-Feuchtemessgeräts viel Zeit in Anspruch, da eine große Anzahl von Messungen durchzuführen ist. Feuchtemessgeräte der oberen Leistungsklasse sind aus diesem Grund mit

Selbsttätige Optimierung

Programmroutinen ausgestattet, die die Messparameter selbsttätig optimieren und den Anwender somit entlasten.

Feuchtebestimmung mit dem Infrarot-Feuchtemessgerät

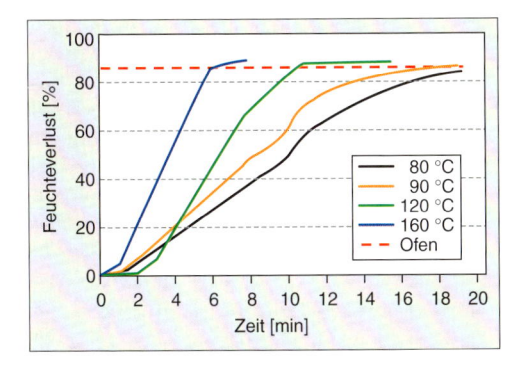

Abb. 24: Abgleich eines IR-Feuchtemessgeräts durch Variation der Trocknungstemperatur am Beispiel von Joghurt. Die beste Annäherung an den Referenzwert (ermittelt mit der Trockenschrankmethode) ergibt sich bei einer Trocknungstemperatur von 90 °C.

Entsprechen Messergebnis und errechnete Standardabweichung den Vorgaben der Referenzmethode, ist davon auszugehen, dass die beiden Verfahren vergleichbar sind. Das IR-Feuchtemessgerät ist damit abgeglichen und kann in Betrieb genommen werden. Die Dokumentation über den Verfahrensabgleich, die eine Beschreibung der Arbeitsweise und eine Zusammenstellung der erzielten Messergebnisse umfasst, sollte für eine mögliche Überprüfung durch einen Auditor in einer Standardarbeitsanweisung (SOP: Standard Operation Procedure) festgehalten werden.

Geeichte Feuchtebestimmung

Um für ein IR-Feuchtemessgerät eine Bauartzulassung für den geeichten Messverkehr zu erlangen, sind eine Reihe von Vergleichsmessungen mit einem geeichten Trockenschrank erforderlich. In Deutschland werden diese Messungen von der PTB (Physikalisch-Technische Bundesanstalt) durchgeführt. Dazu variiert man die Parameter Probenvorbereitung, Probenmenge, Trocknungstemperatur und Abschaltkriterium der Messung (also Trocknungszeit oder Gewichtsverlust/Zeit) so lange, bis in einer ausreichenden Zahl von Testreihen ein mittleres Messergebnis erzielt wird, das mit

Bedingungen zur Erlangung einer Bauartzulassung

dem Referenzergebnis übereinstimmt. Erst dann kann eine Zulassung erteilt werden.

Allerdings gilt die Bauartzulassung in einem solchen Fall nicht für das IR-Feuchtemessgerät allein, sondern sie bezieht sich auf die gesamte Applikation, beginnend bei der Probenvorbereitung bis zur Wahl der Betriebsparameter. Darüber hinaus ist diese Zulassung probenspezifisch, d. h., sie muss für jede weitere Substanz erneut beantragt werden.

Bei der Entwicklung eines eichfähigen Verfahrens mit dem IR-Feuchtemessgerät stellt wiederum die Ermittlung der Probentemperatur ein Problem dar. Wie bereits beschrieben, ist es beim Einsatz eines IR-Strahlers nicht möglich, die Probentemperatur direkt zu messen. Die Kenntnis dieser Temperatur ist jedoch eine Grundanforderung, um eine eichfähige Messung durchführen zu können. An dieser Stelle behilft man sich mit einer indirekten Temperaturbestimmung. Vereinfacht dargestellt geht man von folgender Annahme aus: Stimmen die mit dem IR-Feuchtemessgerät erzielten Messwerte mit den Ergebnissen des Referenzverfahrens überein, wurde in beiden Fällen die gleiche Menge an Feuchte verdampft. Dazu musste die gleiche Energiemenge aufgewendet werden, also ist davon auszugehen, dass im Messgut auch eine vergleichbare Trocknungstemperatur geherrscht hat.

Indirekte Temperaturmessung

Hoher Aufwand erforderlich

Diese kurze Beschreibung zeigt, dass eine eichfähige Feuchtebestimmung mithilfe eines IR-Feuchtemessgeräts einer umfangreichen Vorbereitung bedarf, die in der Praxis nur in Ausnahmefällen zu leisten ist. Es verwundert daher nicht, dass weltweit bisher lediglich ein Hersteller ein geeichtes IR-Feuchtemessgerät auf den Markt gebracht hat, dessen Einsatz sich zudem auf die Messung des Feuchtegehalts von Roggen und Weizen beschränkt (Abb. 25).

Feuchtebestimmung mit dem Infrarot-Feuchtemessgerät

*Abb. 25:
IR-Feuchtemessgerät
für die eichfähige
Bestimmung des
Feuchtegehalts von
Roggen und Weizen*

Um die formalen Anforderungen einiger Branchen, z. B. der Pharmaindustrie, an ein eichfähiges IR-Feuchtemessgerät dennoch zu erfüllen, bieten einige Hersteller Geräte mit eichfähigem Wägesystem an. Sie sind so konzipiert, dass sie wahlweise als geeichte Feinwaage oder als nicht eichfähiges IR-Feuchtemessgerät eingesetzt werden können.

Arbeitssicherheit

Die Vorgaben einiger Organisationen wie der amerikanischen FDA (Food and Drug Administration) oder das Regelwerk der HACCP (Hazard Analysis and Critical Control Point) untersagen aus Sicherheitsgründen den Einsatz von Glasgeräten und -bauteilen in Fertigungsbereichen. Ginge das Glas unbemerkt zu Bruch, könnten Splitter in den Produktionsprozess gelangen.

In der Regel besitzt ein IR-Feuchtemessgerät immer einige offen zugängliche Glasbauteile wie z. B. Sichtfenster. Auch die Heizquelle selbst kann, wie beim Halogen- oder Quarzglasstrahler, aus Glas bestehen. Der Austausch

**Vorgaben:
Verzicht auf
Glasbauteile**

44 Thermogravimetrische Verfahren

gegen eine bruchsichere Heizquelle ist bis auf wenige Ausnahmen nicht möglich, da die unterschiedlichen Bauformen der Strahler dies nicht zulassen. Außerdem müssten die Elektronik und die Software zur Heizungsregelung an die neue Heizquelle angepasst werden.

Bei der Verwendung eines Feuchtemessgeräts mit einem Keramik- oder Metallrohrstrahler besteht keine Bruchgefahr. Einige Hersteller bieten außerdem Metallplatten an, gegen die die gläsernen Sichtscheiben ihrer Geräte ausgetauscht werden können (Abb. 26). Zwar

Abb. 26: IR-Feuchtemessgerät, bei dem Sichtscheiben aus Glas durch Metallscheiben ersetzt wurden

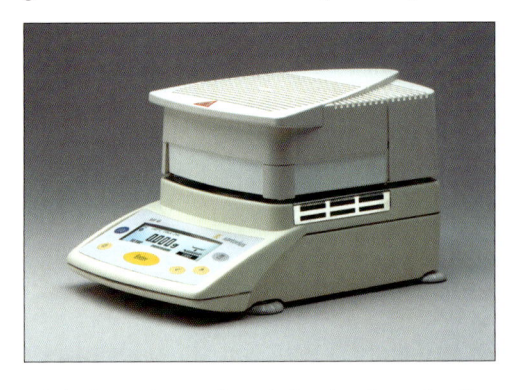

wird dem Anwender dadurch ein schneller Blick auf die Probe verwehrt, dafür enthält das Gerät keine offen zugänglichen Glasbauteile mehr und kann ohne Beanstandung in der Fertigung eingesetzt werden.

Schutz vor giftigen Gasen

Ein wichtiger Aspekt der Arbeitssicherheit beim Umgang mit einem IR-Feuchtemessgerät besteht darin, eine Vergiftung des Anwenders durch die aus der Probe freigesetzten Bestandteile sicher zu vermeiden. Während der Trocknung entstehen Gase, die konstruktionsbedingt mit der heißen Luft aus dem Gerät hinausbefördert werden. Sie gelangen in die Raumluft und können zu einer Gefährdung des Anwenders führen. Beim Umgang mit gesundheitsgefährdenden Stoffen sollte daher immer sichergestellt sein, dass der Raum ausreichend belüftet oder das Gerät unter einem Abzug platziert wird.

Brand- und Explosionsschutz

Thermogravimetrische IR-Feuchtemessgeräte sind auf Grund ihrer Bauart nicht explosionsgeschützt. Die im Verlauf der Trocknung entstehenden Gase streichen beim Verlassen des Probenraums an der Heizquelle vorbei, deren Temperatur mehrere hundert Grad beträgt. Handelt es sich bei diesen Gasen um entzündliche Stoffe, steigt die Brand- bzw. Explosionsgefahr deutlich an. IR-Feuchtemessgeräte sollten daher nur zur Trocknung von Stoffen eingesetzt werden, die grundsätzlich oder in der verwendeten Menge keinen Brand bzw. keine Explosion auslösen können. Hierbei sind die geltenden Verordnungen zu beachten, in Deutschland z. B. die EX-RL (Explosionsschutz-Regeln) Teil 1 und 2, die TRbF (Technische Regeln brennbarer Flüssigkeiten) sowie die VbF (Verordnung brennbarer Flüssigkeiten).

In einigen Fällen ist es möglich, das Feuchtemessgerät in einem Handschuhkasten zu platzieren und den Trocknungsprozess unter reiner Stickstoff-(N_2-)Atmosphäre durchzuführen – befindet sich in der Umgebung der Messanordnung kein Sauerstoff, kann sich das Gas auch nicht entzünden. Es ist jeweils im Einzelfall zu prüfen, ob sich das beschriebene Verfahren anwenden lässt, da der Einbau des Feuchtemessgeräts in einen Handschuhkasten auch Einfluss auf die Gerätefunktion nehmen kann (z. B. durch einen Wärmestau im Gerät oder auf Grund veränderter Auftriebseffekte in der Stickstoffatmosphäre).

Feuchtebestimmung mit dem Mikrowellen-Feuchtemessgerät

Die herausragendste Eigenschaft eines Mikrowellen-Feuchtemessgeräts ist die sehr kurze

46 Thermogravimetrische Verfahren

Probenabhängig kürzere Messzeiten
Messzeit von typischerweise 2 bis 6 min. Allerdings tritt dieser Vorteil in erster Linie bei flüssigen oder pastösen Materialien zu Tage. Für relativ trockene Produkte mit einem Feuchtegehalt unter 4 % ist das Verfahren dagegen eher ungeeignet. Auf Grund der geringen Anzahl von dipolaren Molekülen, z. B. Wassermolekülen, erfolgt eine nur langsame Erwärmung der Probe, sodass der eigentliche Vorteil dieses Verfahrens ungenutzt bleibt.

Aus den genannten Gründen sind Mikrowellen-Feuchtemessgeräte besonders interessant zur Untersuchung von Materialien mit hohen Feuchtegehalten, wie z. B. Molkereiprodukten, Gemüsebreien, Hautcremes oder Haarshampoo.

Aufbau

Obwohl diese Technik bereits seit über 20 Jahren eingesetzt wird, ist sie erst mit der Verbreitung der Haushaltsmikrowelle populär geworden. Auch in ihrem äußeren Erscheinungsbild und dem konstruktiven Aufbau ähneln die meisten Laborgeräte den Haushaltsmikrowellen.

Strahlungsquelle
Herzstück des Mikrowellen-Feuchtemessgeräts ist das Magnetron, das elektromagnetische Wellen erzeugt, die über einen Hohlleiter in den meist kubischen Probenraum geleitet werden. Bei älteren Modellen werden die Mikrowellen horizontal von der Seite eingekoppelt. Dabei entsteht ein relativ inhomogenes Strahlungsfeld, das die Probe an der einen Stelle überhitzt, an der anderen dagegen nur unzureichend erwärmt. Da ein homogenes Strahlungsfeld im Probenraum nur schwer zu erreichen ist, besitzen alle gängigen Mikrowellen-Feuchtemessgeräte einen rotierenden Probenteller, der diesen Nachteil ausgleichen soll.

Probenraum
Geräte neuerer Bauart verfügen über einen optimierten, zylindrisch geformten Probenraum (Abb. 27). Bei diesen Modellen wird die Mikrowellenstrahlung über einen Y-förmigen

Feuchtebestimmung mit dem Mikrowellen-Feuchtemessgerät 47

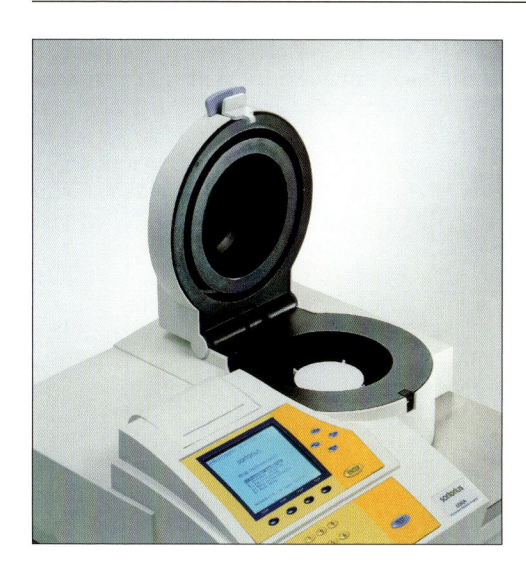

Abb. 27:
Mikrowellen-Feuchtemessgerät mit zylindrischem Probenraum

Hohlleiter zu zwei Ausgängen geführt, die sich unterhalb der Probe befinden. In diesem Fall bildet sich ein deutlich homogeneres Strahlungsfeld aus, das außerdem einen höheren Nutzungsgrad aufweist (Abb. 28 und 29). Die Messzeit dieser Systeme wird so probenabhängig auf Werte zwischen 40 und 150 s reduziert.

Abb. 28:
Y-förmiger Hohlleiter für die Zuführung der Mikrowellenstrahlung in den Probenraum

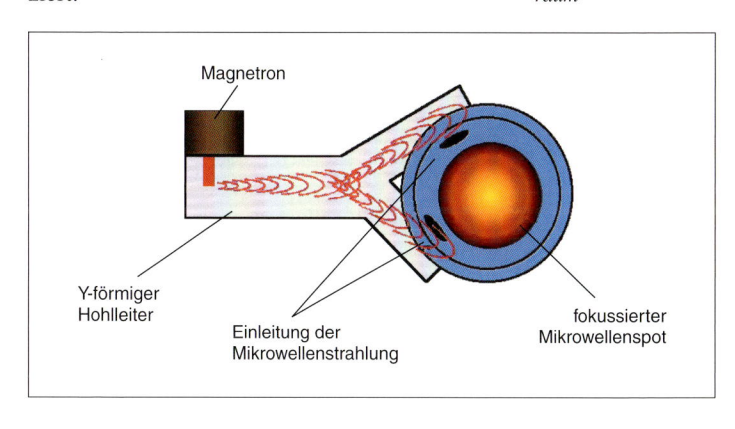

Magnetron

Y-förmiger Hohlleiter

Einleitung der Mikrowellenstrahlung

fokussierter Mikrowellenspot

48 Thermogravimetrische Verfahren

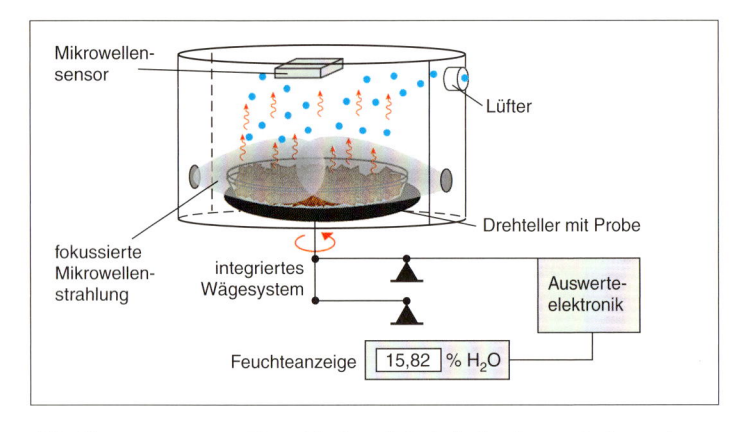

Abb. 29:
Konstruktiver Aufbau eines Mikrowellen-Feuchtemessgeräts mit integriertem Wägesystem (schematisch)

Verschiedene Modelle besitzen ein integriertes Wägesystem, das das Feucht- und Trockengewicht automatisch erfasst und anschließend alle erforderlichen Berechnungen zur Messwertermittlung durchführt. Nur vereinzelt finden sich im Markt reine Mikrowellenöfen, die die Bestimmung des Probengewichts auf einer externen Waage und die manuelle Ergebnisberechnung erfordern.

Erwärmungsprinzip

Das Messgut wird einem hochfrequenten, fokussierten Mikrowellenfeld mit einer Frequenz von meist 2,45 GHz ausgesetzt, wobei die polaren Lösungsmittel- und Wassermoleküle aus dem elektrischen Feld Energie aufnehmen und zu Schwingungen angeregt werden. Bei diesem Prozess steigt die Trocknungstemperatur an Stellen, die viel Feuchte enthalten, stärker an als in weniger feuchten Bereichen [3]. Durch die rasche Erwärmung steigt der Dampfdruck im Inneren der Probe so schnell an, dass es zu einer »explosionsartigen« Diffusion kommt. Bereits in der Anfangsphase des Trocknungsprozesses verliert das Messgut so den größten Teil der enthalte-

Absorption von Mikrowellenstrahlung

nen Feuchte. Die weitere Trocknung wird durch das entstehende Temperaturgefälle zwischen Probenoberfläche und den tiefer liegenden Schichten begünstigt. Ein kontinuierlicher Luftstrom, der den Wasserdampf aus dem Probenraum befördert, unterstützt den Trocknungsprozess zusätzlich.

Für den Verlauf der Erwärmung ist die Eindringtiefe der elektromagnetischen Wellen in die Probe maßgeblich; sie steigt mit zunehmender Wellenlänge an. Mit steigender Frequenz wächst zwar die Energiedichte, die Eindringtiefe nimmt jedoch ab. Solange das Messgut noch freie Feuchte enthält, stellt sich auch bei hoher Energiezufuhr höchstens die zum Atmosphärendruck gehörende Dampfdrucktemperatur von 100 °C ein. Voraussetzung hierfür ist allerdings, dass die Kapillaren des Probenmaterials eine ungehinderte Diffusion der Feuchte erlauben. Verfügt das Messgut nur über eine ungenügende Anzahl von Kapillaren oder werden diese durch eine Haut oder eine Kruste verschlossen, entsteht wie in einem Schnellkochtopf ein Überdruck und die Temperatur steigt auf über 100 °C. Sobald kein freies Wasser mehr in der Probe enthalten ist, steigt die Temperatur bei fortgesetzter Energiezufuhr deutlich an. Die damit einhergehende thermische Zersetzung, wie z. B. die Denaturierung von Zucker, verfälscht das Ergebnis der Feuchtebestimmung.

Entscheidend: Eindringtiefe der Strahlung

Durchführung einer Messung

Bei der Bestimmung des Feuchtegehalts im Mikrowellen-Feuchtemessgerät dient ein Glasfaserfilter als Probenträger, da ein geschlossener Schalenboden zu verlängerten Messzeiten bzw. falschen Messergebnissen führt. Vor der Messung wird das integrierte Wägesystem mit dem aufgelegten Glasfaserfilter auf Null tariert, anschließend wird das Messgut aufge-

Glasfaserfilter als Probenträger

bracht. Das Feuchtgewicht des Messguts wird wiederum beim Absenken der Gerätehaube ermittelt, dann beginnt die Messung. Ist das Abschaltkriterium erreicht, erfasst das Wägesystem das Trockengewicht der Probe und errechnet automatisch seinen ursprünglichen Feuchtegehalt.

Einfluss von Probenmenge und -verteilung

Die Reproduzierbarkeit der Messung wird in hohem Maße von der Menge und der Verteilung der Probe beeinflusst. Je homogener die Probe jeweils auf dem Glasfaserfilter aufgebracht wird und je konstanter die verwendete Probenmenge ist, desto besser lassen sich die Messergebnisse reproduzieren. Die meisten Geräte besitzen eine Einwägehilfe, die das Dosieren der Probensubstanz erleichtert. In der Praxis haben sich Probenmengen von 2 g bis maximal 8 g als völlig ausreichend erwiesen. Größere Mengen können vom Glasfaserfilter meist gar nicht aufgenommen werden, da die Gefahr besteht, dass ein Teil der Probe, bedingt durch die Rotation des Probentellers, während der Messung vom Filter heruntertropft.

Flüssige Proben sollten spiralförmig auf den Glasfaserfilter aufgetropft, pastöse Substanzen gleichmäßig dünn verstrichen werden. Die starke Diffusion während der Trocknung führt oft dazu, dass sich auf der Probenoberfläche Blasen bilden. Zerplatzen diese, kann ein Teil der Probe fortgeschleudert werden. Der dadurch entstehende Gewichtsverlust verfälscht das Messergebnis und macht es unbrauchbar. Um diesen Messfehler zu vermeiden ist es ratsam, einen zweiten Glasfaserfilter auf die Probe zu legen.

Ermittlung des Abschaltzeitpunkts

In einigen Modellen wird das Wägesystem dazu benutzt, den Abschaltzeitpunkt für die Messung über die Gewichtskonstanz des Messguts zu ermitteln. Eine andere Möglichkeit den Endpunkt der Trocknung zu bestimmen besteht darin, den Absorptionsgrad der Probe zu messen. Hierzu wird ein Sensor eingesetzt, der während des Trocknungsprozesses den von der Probe reflektierten Anteil der Mikrowellenstrahlung misst. Bei diesem Verfahren macht man sich eine physikalische Gesetzmäßigkeit zu Nutze, die vereinfacht wie folgt lautet:

- Eine feuchte Substanz absorbiert 100 % der Strahlung, der sie ausgesetzt ist.
- Eine trockene Substanz reflektiert 100 % der Strahlung, der sie ausgesetzt ist (Abb. 30).

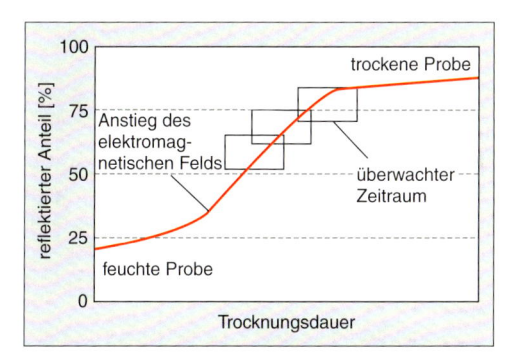

Abb. 30:
Verlauf der Strahlungsreflexion einer Probe mit fortschreitender Trocknung

Registriert der Sensor, dass die Mikrowellenstrahlung nahezu vollständig von der Probe reflektiert wird, wird die Messung beendet. Diese Technik erlaubt es zudem, ein frei gewähltes Abschaltkriterium vorzugeben, um das Gerät auf eine Referenzmethode abzugleichen.

Feuchtebestimmung mit Geräten mit Feuchtefalle

Diese Verfahren beruhen im Prinzip auf der klassischen Trockenschrankmethode. Allerdings verfügen die Messgeräte zusätzlich über eine Feuchtefalle, die die verdunstende Feuchte absorbiert.

Grundlage: Trockenschrankmethode

52 Thermogravimetrische Verfahren

Aufbau der Feuchtefalle

Aufbau und Funktionsprinzip

Das Gerät besteht aus einem Quarzglasofen, von dem eine Rohrleitung zu einer Patrone, der Feuchtefalle, führt. Diese Patrone ist abhängig vom Gerätetyp entweder mit Kieselgel-Perlen ($SiO_2 \cdot n\ H_2O$) gefüllt oder an den Innenflächen mit Diphosphorpentoxid (P_2O_5) beschichtet.

Kieselgel zeichnet sich dadurch aus, dass es Wasserdampf sehr stark absorbiert und in Form von Kristallwasser bindet. Erwärmt man die Perlen, geben sie die gebundene Feuchte wieder ab und regenerieren sich. Die Funktionsweise der Diphosphorpentoxidfalle beruht dagegen auf der chemischen Reaktion dieser Verbindung mit dem nachzuweisenden Wasser zu (Ortho-)Phosphorsäure (H_3PO_4):

$$P_2O_5 + 3\ H_2O \rightarrow 2\ H_3PO_4$$

Die Patrone ist über einen dünnen Schlauch mit der Rohrleitung verbunden und so gelagert, dass ein integriertes Wägesystem während der Messung kontinuierlich die auftretenden Gewichtsänderungen erfasst. Die durch Konvektionstrocknung aus dem Messgut ausgetriebene Feuchte wird mithilfe eines Gasstroms aus getrocknetem Stickstoff durch die

Abb. 31:
Aufbau eines Messgeräts mit Feuchtefalle (schematisch)

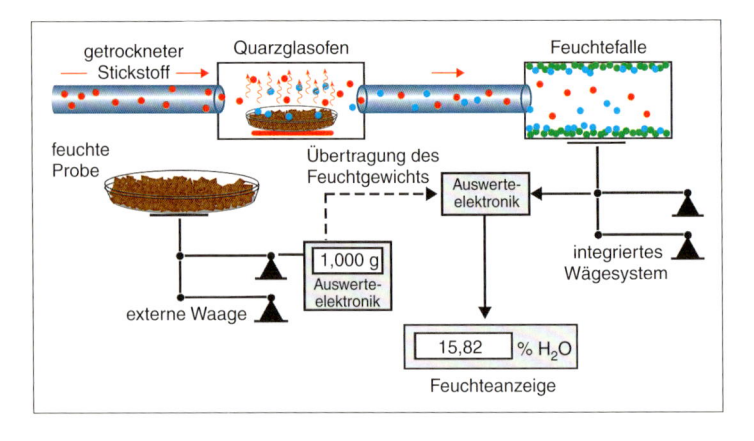

Rohrleitung in die Patrone überführt. Abhängig vom verwendeten System wird das im Gasstrom enthaltene Wasser vom Kieselgel absorbiert oder es reagiert mit dem Phosphorpentoxid. In beiden Fällen nimmt das Gewicht der Patrone zu. Die Trocknung wird so lange fortgesetzt, bis das integrierte Wägesystem keine Gewichtsveränderung der Patrone mehr registriert (Abb. 31).

Setzt man voraus, dass das Messgut bei seiner Trocknung keine anderen Bestandteile freigibt, die ebenfalls eine Verbindung mit dem Diphosphorpentoxid eingehen oder auf der Oberfläche der Kieselgel-Perlen haften, ermöglichen Geräte mit Feuchtefalle den selektiven Nachweis von Wasser.

Wasserselektives Verfahren

Durchführung einer Messung

Zunächst wird das Feuchtgewicht des Messguts auf einer externen Analysenwaage bestimmt und das integrierte Wägesystem des Feuchtemessgeräts mit der darauf gelagerten Patrone auf Null tariert. Anschließend gibt man die in einem Metallschiffchen befindliche Probe in den Quarzglasofen und trocknet sie wie in einem konventionellen Trockenschrank bei 103 bis 107 °C.

Ein schwacher Gasstrom aus getrocknetem Stickstoff befördert die abgegebene Feuchte in die Feuchtefalle. Der Einsatz von getrocknetem Stickstoff ist notwendig, um keine zusätzliche, d. h. nicht von der Probe stammende Feuchte in das Messsystem einzubringen. Ist der Trocknungsprozess beendet, werden Ofen und Rohrleitung noch einige Minuten mit Stickstoff gespült, um auch die letzten Reste an Feuchte in die Patrone zu überführen. Anschließend ermittelt das integrierte Wägesystem die Gewichtszunahme der Feuchtefalle. Aus dem bekannten Feuchtgewicht der Probe und der Gewichtszunahme der Feuchtefalle wird der prozentuale Wassergehalt berechnet.

Merkmale des Verfahrens
Geräte mit Feuchtefalle arbeiten sehr genau. Die erforderliche Messzeit liegt bei mehreren zehn Minuten (probenabhängig) und damit deutlich über der von IR- und Mikrowellen-Feuchtemessgeräten. Die begrenzte Aufnahmekapazität der Feuchtefalle erlaubt außerdem nur eine Feuchtebestimmung an kleinen Probenmengen oder an Stoffen mit einem sehr geringen Wassergehalt. Auf Grund des hohen apparativen Aufwands besitzt dieses Verfahren innerhalb der Gruppe der thermogravimetrischen Feuchtemessmethoden die geringste Verbreitung.

Prüfmittelüberwachung

Die Prüfmittelüberwachung bildet einen wichtigen Bestandteil eines Qualitätssicherungssystems, wie es z. B. in der GLP/GMP (Good Laboratory Practice/Good Manufacturing Practice), der ISO 9000 ff und der DIN EN ISO 10012 beschrieben wird. Ziel der Prüfmittelüberwachung ist es, die beabsichtigte Genauigkeit von Messungen und deren Rückverfolgbarkeit sicherzustellen. Innerhalb eines Qualitätssicherungssystems unterliegen alle Messmittel, mit deren Hilfe qualitätsrelevante Größen wie z. B. der Materialfeuchtegehalt bestimmt werden, der Prüfmittelüberwachung. Prüfmittel müssen u. a. regelmäßig kalibriert, justiert, gereinigt und gewartet werden. Die ordnungsgemäße Durchführung dieser Tätigkeiten und deren Ergebnisse sind nachvollziehbar zu dokumentieren.

Sicherstellung von Messgenauigkeit …

… und Rückverfolgbarkeit

Die Vorgehensweise zur Einrichtung eines Qualitätssicherungssystems ist bereits in einer Reihe von Publikationen ausführlich beschrieben, sodass an dieser Stelle nicht weiter darauf eingegangen werden soll. Vielmehr sollen Empfehlungen gegeben werden, wie eine solche Prüfmittelüberwachung bei den vorgestellten Methoden zur Bestimmung des Materialfeuchtegehalts praktisch durchzuführen ist.

Vor der Überprüfung eines Messmittels sollten zunächst die metrologischen Merkmale und ihre für die Prüfung zulässigen Toleranzen festgelegt werden. Bei Messgeräten für thermogravimetrische Verfahren sind dies in erster Linie der Wägebereich und die Ablesbarkeit der externen oder integrierten Waage sowie die Temperatur des verwendeten Heizsystems. Angaben darüber können der Betriebsanlei-

Metrologische Merkmale

Dokumentation

tung des Geräts entnommen oder beim Hersteller erfragt werden. Er kann darüber hinaus erste Empfehlungen für die Länge der Prüfintervalle geben und bietet meist auch die benötigten Hilfsmittel für die Überprüfung an. Dokumentiert werden die Beschreibung des Messmittels, Art, Umfang und Häufigkeit der Prüfung sowie die Umgebungsbedingungen am Aufstellort des Messmittels in einer Standardarbeitsanweisung (SOP).

Überprüfung des Wägesystems

Die Kalibrierung eines Wägesystems [1] erfolgt durch das Auflegen eines Gewichts. Dabei kann es sich um ein externes Gewicht handeln, welches von Hand auf der Waagschale platziert wird, oder um ein Gewicht, das in das Gerät integriert ist und mithilfe einer motorischen Kalibriergewichtsschaltung (Abb. 32) aufgelegt wird. Liegt das vom Wägesystem ermittelte Gewicht außerhalb des zulässigen Toleranzbereichs, ist eine Justierung durchzuführen. Bei elektronischen Waagen und Feuchtemessgeräten geschieht dies auf Tastendruck.

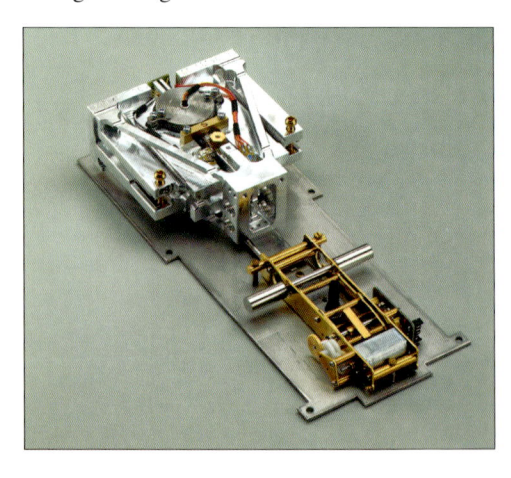

Abb. 32:
Wägesystem (EMK)
mit eingebauter
Kalibriergewichts-
schaltung

Eine Justiersoftware ermittelt die Abweichung zwischen Soll- und Istwert und berechnet einen Korrekturfaktor, der bei künftigen Wägungen automatisch Berücksichtigung findet.

Überprüfung der Heizleistung

Eine regelmäßige Temperaturüberwachung dient weniger dazu, die Absoluttemperatur zu messen, als vielmehr durch Alterung oder Verschmutzung bedingte Leistungsschwankungen der Heizquelle zu erkennen und zu beheben. Die Messung der Absoluttemperatur spielt eine untergeordnete Rolle, da mit der Inbetriebnahme des Geräts die erforderlichen Temperatureinstellungen für die jeweiligen Probentypen bereits ermittelt wurden. Daher ist es in der Folge nur noch notwendig, die Temperaturregelung auf Schwankungen zu untersuchen. Zu diesem Zweck sollten die vom Hersteller angebotenen Temperaturabgleichsets verwendet und nach Vorschrift eingesetzt werden.

Untersuchung auf Leistungsschwankungen

Es wird empfohlen, die Temperaturregelung bereits bei der Inbetriebnahme des Feuchtemessgeräts zu überprüfen. Für spätere Überprüfungen werden diese Messergebnisse dann als Referenz herangezogen. Die Temperaturmessung sollte immer am Einsatzort des Geräts erfolgen, da der Aufstellort wie erwähnt Einfluss auf die Gerätetechnik nimmt. Dies ist umso bedeutender, je mehr Geräte an verschiedenen Orten eingesetzt werden sollen. Es hat sich in der Praxis als hilfreich erwiesen, eines der Geräte als »Master« zu definieren und alle übrigen Geräte mit demselben Temperaturabgleichset auf diesen Master zu justieren.

Überprüfung am Einsatzort

Geräte mit Konvektionstrocknung

Für Systeme, die nach dem Prinzip der Konvektionstrocknung arbeiten, in diesem Fall also der Trockenschrank oder der Quarzglas-

**Prüfmittel:
Quecksilber-
thermometer**

ofen, gestaltet sich die Überprüfung der Temperaturregelung relativ einfach. In den Probenraum wird ein geeichtes Quecksilberthermometer eingeführt. Nach Ablauf einer vorab festgelegten Frist, in der sich das Thermometer an die Umgebungstemperatur angepasst hat (bei Temperaturen von 103 bis 107 °C in der Regel nach 30 min), wird die Temperatur abgelesen. Tritt eine unzulässige Abweichung auf, erfolgt die Justage geräteabhängig, indem man die Temperatur über einen mechanischen Stellknopf oder ein Potentiometer nachregelt.

IR-Feuchtemessgeräte
Bei IR-Feuchtemessgeräten, die nach dem Absorptionsprinzip arbeiten, hängt die Eigenerwärmung des Probenguts von dessen Vermögen ab, Strahlung aus dem entsprechenden Wellenlängenbereich aufzunehmen. Dies gilt natürlich nicht nur für das Probenmaterial, sondern auch für das verwendete Temperaturmessmittel. Nicht selten versuchen Anwender, die Trocknungstemperatur mithilfe eines Quecksilber- oder eines Alkoholthermometers zu messen und müssen dann feststellen, dass die gemessenen Temperaturen sehr stark von den erwarteten Werten abweichen. In einem Trockenschrank wird sich ein Quecksilberthermometer immer der Temperatur der erwärmten Luft anpassen und diese auch anzeigen. Dasselbe Thermometer, unter einem IR-Strahler positioniert, reflektiert die Strahlung in einem hohen Maße und erwärmt sich kaum. Die angezeigte Temperatur liegt bei einer eingestellten Trocknungstemperatur von z. B. 105 °C deutlich niedriger. Aus diesem Umstand ergibt sich die Frage, wie sich die Temperatur eines IR-Feuchtemessgeräts prüfen lässt.
Da es die physikalischen Voraussetzungen nicht erlauben, die durch einen IR-Strahler erzeugte Probentemperatur auf einen nationalen

Abb. 33:
Temperaturabgleichscheibe

oder internationalen Standard zurückzuführen, haben sich die Hersteller zum Zweck der Temperaturmessung eigene »Hausstandards« geschaffen. Dabei handelt es sich meist um einen Sensor in Form einer Scheibe (Abb. 33), der in den Probenraum eingelegt wird. Bei Bestrahlung erwärmt sich diese Scheibe. Ihre Eigentemperatur wird mit der eines zweiten, fest im Gerät integrierten Sensors verglichen. Die Scheibe dient als eine Art Referenzprobe. Entspricht ihre Eigentemperatur nicht der eingestellten Trocknungstemperatur, muss der fest integrierte Sensor nachjustiert werden. Bei neueren Geräten geschieht dies automatisch mithilfe einer integrierten Justiersoftware, bei älteren Geräten muss die Feinabstimmung über ein Potentiometer vorgenommen werden. Leider bewirkt die Verwendung unterschiedlicher Temperatursensoren, dass die Temperaturangaben von Geräten unterschiedlicher Hersteller nicht miteinander vergleichbar sind.

Prüfmittel: Temperatursensoren

Mikrowellen-Feuchtemessgeräte
Auch für Mikrowellen-Feuchtemessgeräte gibt es kein hinreichend funktionierendes Temperaturmessverfahren. Die während der Messung

erzielte Trocknungstemperatur ist vom Grad der Strahlungsabsorption durch die polaren Feuchtemoleküle abhängig. Messfühler oder Thermometer können deshalb nicht zum Einsatz kommen. Eine Messung der Probentemperatur mit einem Infrarotthermometer scheitert an dem Umstand, dass diese Geräte nur die Temperatur auf der Probenoberfläche abbilden. Das starke Temperaturgefälle zwischen dem Inneren der Probe und ihrer Oberfläche, das zwischen 30 und 40 K beträgt, liefert bei diesem Verfahren fehlerhafte Informationen.

Überprüfung der Magnetron-Leistungsregelung

Somit beschränkt sich eine Funktionsprüfung auf die Leistungsregelung des Magnetrons. Wie bei dieser Prüfung vorgegangen wird, hängt sehr stark von Hersteller und Modell ab. In jedem Fall sollten die Empfehlungen des Herstellers berücksichtigt und die von ihm angebotenen Messverfahren genutzt werden. Gibt es keine Vorgaben, besteht eine einfache Methode darin, eine genau definierte Menge destillierten Wassers, z. B. 100 ml, für einen festgelegten Zeitraum bei der höchsten Leistungsstufe zu erwärmen. Unter Verwendung eines Quecksilberthermometers (das die Temperatur auf ein zehntel Grad genau angeben sollte) wird die Wassertemperatur vor und nach der Erwärmung gemessen. Die ermittelte Temperatur wird anschließend mit dem Wert verglichen, der bei der Erstinbetriebnahme festgestellt wurde.

Aus Sicherheitsgründen empfiehlt es sich darüber hinaus, das Gerät regelmäßig mit einem Leckageprüfer auf Undichtigkeiten zu testen, die durch Alterung oder Beschädigungen entstanden sein können.

Überprüfung der gerätetechnischen Reproduzierbarkeit

Neben einer falschen Temperaturregelung oder einem dejustierten Wägesystem gibt es noch andere Störgrößen, die Einfluss auf das Messergebnis nehmen. Vibrationen, Luftzug oder ständige Temperaturwechsel am Aufstellort des Geräts beeinträchtigen die Messung, aber auch der Messaufbau selbst kann fehlerhafte Messungen auslösen. Während der Probentrocknung erzeugt die zirkulierende warme Luft an Probe und Probenschale eine Auftriebskraft. Die Größe dieser Kraft ist abhängig von der Bauform des Geräts, der gewählten Trocknungstemperatur und davon, ob aus einem kalten oder einem betriebswarmen Zustand gemessen wird. Bei Feuchtemessgeräten mit integriertem Wägesystem schlägt sich diese Kraft unmittelbar im Messergebnis nieder.

Einfluss von Aufstellort und Messaufbau

Der Einfluss der Auftriebskraft bzw. die Reproduzierbarkeit der Messergebnisse lässt sich sehr gut anhand einer Kochsalzlösung überprüfen. Hierzu werden etwa 10 g Kochsalz (wegen des höheren Reinheitsgrads empfiehlt sich die Verwendung von Spülmaschinensalz) in 90 g destilliertem Wasser gelöst. Das Feuchtemessgerät sollte zunächst einmalig auf die Betriebstemperatur vorgeheizt werden. Während der Messung wird das Feuchtemessgerät wahlweise mit der Trocknungstemperatur betrieben, die für die realen Proben vorgesehen ist, oder es wird die höchstmögliche Temperatureinstellung gewählt.

Untersuchung der Reproduzierbarkeit

Nach der Wägung der Probenschale bzw. des Glasfaserfilters werden etwa 5 g der Kochsalzlösung aufgetropft, anschließend wird die Messung gestartet. Mit dieser Kochsalzlösung sind mindestens fünf Messungen durchzuführen. Mittelwert und Standardabweichung der erzielten Messergebnisse geben Aufschluss über die bestmögliche Reproduzierbarkeit, die unter den gegebenen Arbeitsbedingungen zu erwarten ist.

Andere Messverfahren kurz betrachtet

Weitere direkte und indirekte Messverfahren

Die thermogravimetrischen Verfahren stellen nur eine Gruppe von Methoden zur Bestimmung des Materialfeuchtegehalts dar. Daneben gibt es jedoch noch zahlreiche andere direkte und indirekte Messverfahren. Die direkten Methoden bestimmen den Anteil der Feuchte über eine ihrer Eigenschaften, wie z. B. ihre Masse oder eine quantitativ messbare, chemische Reaktion. Bei den indirekten Verfahren wird eine physikalische Materialeigenschaft gemessen, die mit der Feuchte in Zusammenhang steht, z. B. das Vermögen, elektromagnetische Strahlung zu absorbieren, oder die elektrische Leitfähigkeit.

Ohne den Anspruch auf Vollständigkeit zu erheben schließt dieses Buch mit der kurzen Vorstellung einiger weiterer wichtiger Verfahren zur Ermittlung des Materialfeuchtegehalts.

Karl-Fischer-Titration

Volumetrisches und coulometrisches Verfahren

Die Bestimmung des Wassergehalts nach Karl Fischer (KF-Titration) ist ein international anerkanntes Referenzverfahren. Sind mittlere bis hohe Wassergehalte zu bestimmen, kommt die volumetrische Titration zur Anwendung. Die coulometrische Titration (Coulomb: Einheit der Ladung) arbeitet wesentlich empfindlicher als das volumetrische Verfahren und eignet sich zur Untersuchung von Substanzen mit Wassergehalten von 0,1 bis 0,0001 % (Abb. 34). Beide Verfahren beruhen gemäß der folgenden Gleichung auf der chemischen Reaktion zwischen Jod und Wasser in einem nicht wässrigen Medium [3]:

Karl-Fischer-Titration

Abb. 34:
Karl-Fischer-Titrator mit Quarzglasofen zur Probenerwärmung
1 Ofen
2 automatischer Probenwechsler
3 Titrator

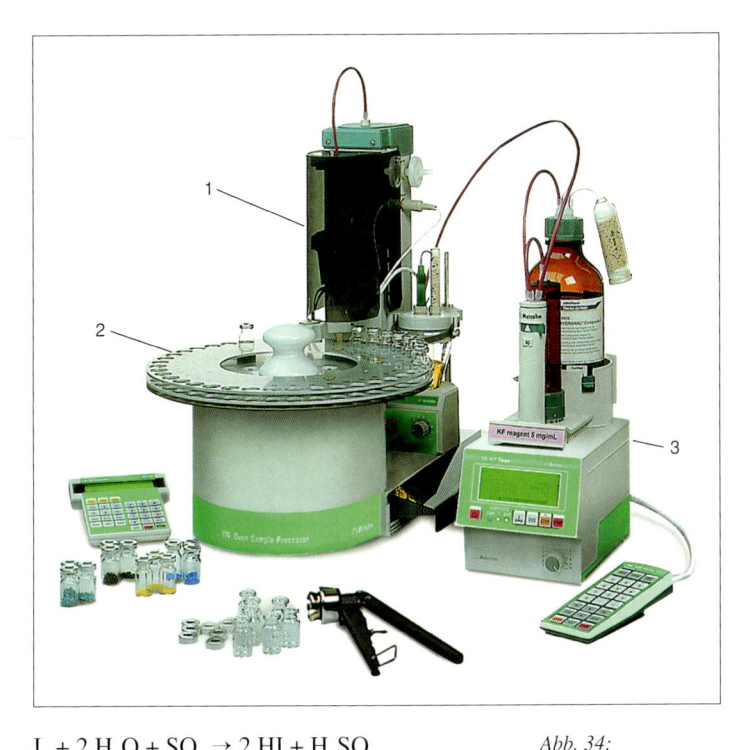

$I_2 + 2 H_2O + SO_2 \rightarrow 2 HI + H_2SO_4$

mit I_2: Jod
H_2O: Wasser
SO_2: Schwefeldioxid
HI: Jodwasserstoff
H_2SO_4: Schwefelsäure

Um diese Reaktion zu ermöglichen, muss das Wasser zunächst von der Probe getrennt werden. Dazu wird es entweder mit einem geeigneten Lösungsmittel extrahiert und direkt titriert oder durch Erwärmen des Messguts (Konvektionserwärmung in einem Ofen) ausgetrieben. Der entstehende Wasserdampf wird dann durch einen Strom getrockneten Stick-

Abtrennung des Wassers

Messgröße

stoffs in die KF-Messzelle überführt. In beiden Fällen muss die Probenmenge zuvor mit einer externen Analysenwaage bestimmt werden.

Bei der volumetrischen Titration wird der Wassergehalt des Messguts über die verbrauchte Menge (das Volumen) an KF-Reagenz berechnet, wobei die Konzentration der KF-Lösung bekannt sein muss. Die im Messgut titrierte Wassermenge liegt typischerweise zwischen 10 und 50 mg bei einer Probenmenge von etwa 2 g.

Der coulometrischen Titration liegt dagegen ein anderes Prinzip zu Grunde: Das für die chemische Reaktion mit dem Wasser benötigte Jod wird hier durch Elektrolyse aus dem KF-Reagenz bereitgestellt. Gemessen wird der Strom, der die zur Umsetzung erforderliche Ladung liefert. Da das Verhältnis von Jod zu Wasser bei dieser Reaktion 1:1 beträgt, kann aus der verbrauchten Strommenge der Wassergehalt berechnet werden. Die im Messgut titrierte Wassermenge liegt typischerweise bei 500 bis 1000 µg bei Probeneinwaagen von etwa 50 mg bis 1 g.

Fehlerquellen

Fehler können bei diesem Verfahren dadurch entstehen, dass z. B. beim Öffnen des Ofens oder durch eine wasserbildende Nebenreaktion Feuchtigkeit in die KF-Zelle eindringt.

Phosphorpentoxidmethode

Hinsichtlich des Messaufbaus und -ablaufs ähnelt dieses Verfahren der Karl-Fischer-Titration sehr stark. Der wesentliche Unterschied besteht darin, dass die Messzelle bei der Phosphorpentoxidmethode keine flüssigen Testreagenzien enthält, sondern ihre Innenfläche mit einer dünnen Phosphorpentoxidschicht versehen ist (Abb. 35).

Während beim thermogravimetrischen Verfahren (vgl. Kap. »Geräte mit Feuchtefalle«,

Phosphorpentoxidmethode

Abb. 35: Funktionsprinzip einer P_2O_5-Messzelle

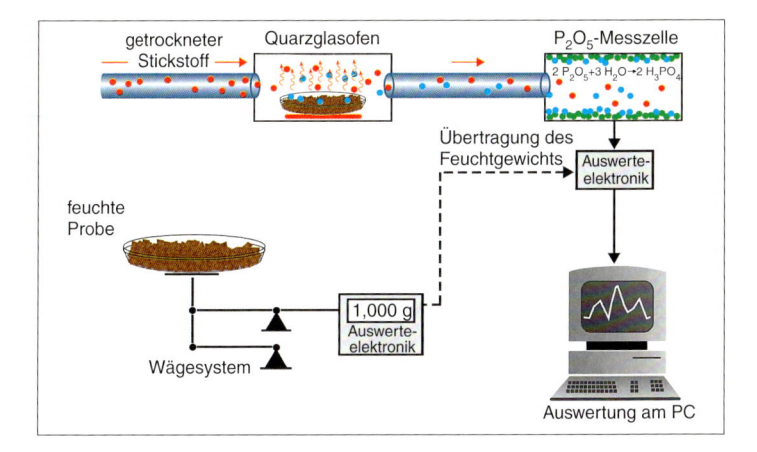

S. 51) nur die Gewichtszunahme der Feuchtefalle zur Bestimmung des Wassergehalts herangezogen wird, erfolgt sie in diesem Fall über eine Messung der Leitfähigkeit des Reaktionsprodukts aus Phosphorpentoxid und Wasser.

Nach dem Einwiegen auf einer Mikrowaage wird das Messgut in einem Quarzglasofen erwärmt. Ein Gasstrom aus getrocknetem Stickstoff leitet den austretenden Wasserdampf in die Messzelle. Die Besonderheit dieses Verfahrens liegt darin, dass sich Oberflächen-, Kapillar- und Kristallwasser getrennt nachweisen lassen. Über eine sehr genaue Regelung der Trocknungstemperatur kann man die Energie, die der Probe zugeführt wird, so dosieren, dass zunächst nur das Oberflächenwasser, dann das Kapillar- und schließlich das Kristallwasser verdampft. Der zeitliche Verlauf der Trocknung bzw. der chemischen Reaktion in der Messzelle wird grafisch auf einem PC dargestellt und ausgewertet.

Bedingt durch die begrenzte Wasseraufnahmekapazität der Messzelle können nur geringe Probenmengen unter 1 g oder Proben mit geringem Wassergehalt gemessen werden. Die

Selektiver Nachweis von Oberflächen-, …

… Kapillar- und Kristallwasser

Nachweisgrenze Nachweisgrenze dieses Verfahrens liegt im Bereich weniger ppm (parts per million), d. h., auch dieses Verfahren arbeitet sehr genau.

Kalziumkarbidmethode

Eine weitere Methode zur Wassergehaltsbestimmung beruht auf der chemischen Reaktion von Kalziumkarbid (CaC_2) und Wasser (H_2O) zu Acetylen (C_2H_2) [4].

Nach dem Auswiegen wird das feuchte Messgut in einen Druckbehälter gegeben (Abb. 36). Unter Zugabe von Kalziumkarbid erfolgt die

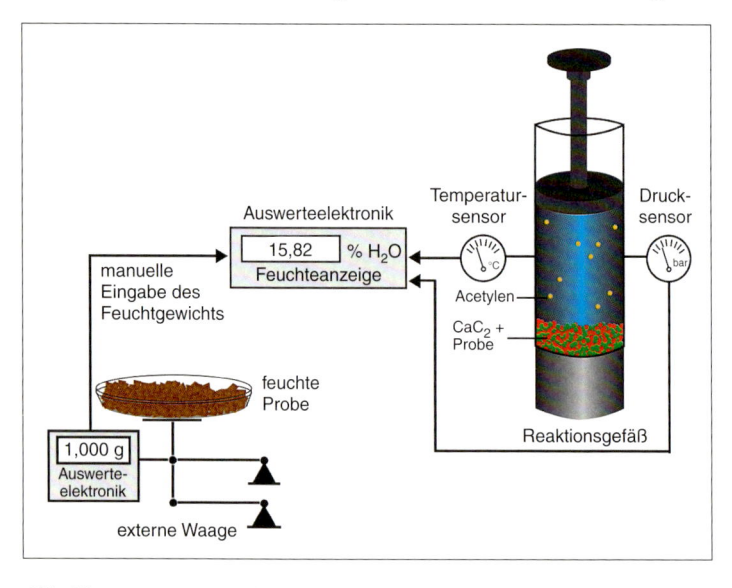

Abb. 36:
Funktioneller Aufbau zur Feuchtemessung nach der Kalziumkarbidmethode (schematisch)

chemische Reaktion, die zu einer Druckänderung im Reaktionsgefäß führt. Um das Wasser vollständig umzusetzen, muss das Probenmaterial homogen mit dem Kalziumkarbid durchmischt werden. Die Menge an Acetylen, die bei der Reaktion entsteht, wird über den Druckanstieg und die Temperatur im Probenraum bestimmt. Die Gasdichte bei verschiedenen Umgebungstemperaturen und -drücken wird internationalen Tabellen entnommen. Aus der Reaktionsgleichung

$$CaC_2 + 2\,H_2O \rightarrow C_2H_2 + Ca(OH)_2$$

lässt sich schließlich die zur Reaktion gebrachte Wassermenge errechnen.

Dieses Verfahren (auch als Gann- oder CM-Methode bekannt) ist in einigen Branchen, z.B. in der Baustoffindustrie, als eichfähige Methode anerkannt. Die Hauptursache für Fehler liegt bei diesem Verfahren darin, dass Probe und Kalziumkarbid unzureichend miteinander vermischt werden.

Leitfähigkeitsmessung

Bei diesem indirekten Messverfahren wird über die Größe des elektrischen Stroms durch die Probe auf deren Feuchtegehalt geschlossen. Die Leitfähigkeit von Stoffen, die im trockenen Zustand nicht leitend sind, steigt mit zunehmender Feuchte an.

Messgröße: Stromstärke

Ein Feuchtemessgerät, das auf der Bestimmung der Leitfähigkeit des Messguts beruht, muss zunächst durch ein direktes Messverfahren kalibriert werden. Hierzu wird meist die Trockenschrankmethode herangezogen. Die Leitfähigkeit der Probe ist abhängig vom Feuchte- und Salzgehalt des Materials, wobei eine eindeutige quantitative Zuordnung allerdings nicht möglich ist. Um genaue Messergebnisse zu erzielen, muss der Salzgehalt der zu messenden Probe ungefähr dem Salzgehalt des Materials entsprechen, das für die Erstellung der Kalibrierkurve verwendet wurde.

Je nach Modell (Abb. 37) wird entweder die bereits gemahlene Probe in eine zylinderförmige Messzelle gefüllt oder die unbehandelte Probe wird beim Verschließen zerquetscht. In

Abb. 37:
Leitfähigkeitsmessgeräte für den mobilen Einsatz

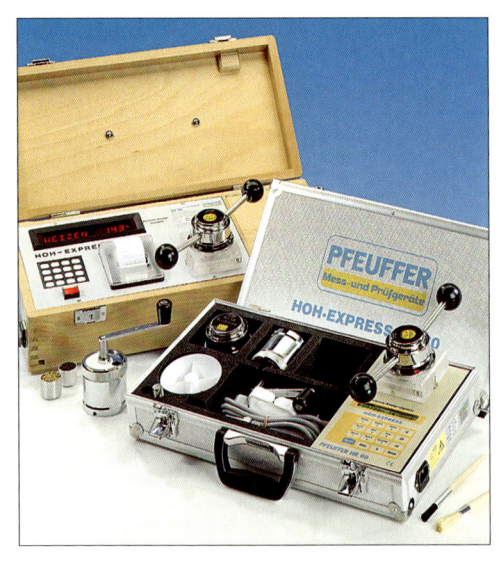

Einsatzbereiche

der Messzelle befinden sich zwei Elektroden, die die Größe des Stroms durch die Probe messen. Der netzunabhängige Batteriebetrieb, die einfache Handhabung und die kurze Messzeit von wenigen Sekunden haben dazu beigetragen, dass diese Methode vor allem im landwirtschaftlichen Bereich eingesetzt wird. Hier dient sie dazu, die Getreidefeuchte vor der Ernte zu bestimmen.

Infrarotspektroskopie

Bei diesem Verfahren dient das Absorptions- bzw. das Reflexionsspektrum der Probe im infraroten Bereich als Ausgangspunkt für die Bestimmung des Feuchtegehalts. Das Messgut wird mit monochromatischem Licht im Bereich des nahen Infrarot (NIR) bestrahlt [3]. Ein Teil dieser Strahlung wird von der Probe absorbiert, ein anderer Teil von der Materialoberfläche reflektiert. Ein Photosensor erfasst den reflektierten Strahl quantitativ und wandelt ihn in ein elektrisches Signal um (Abb. 38). Der Größe des Signals lässt sich anhand einer Kalibrierkurve ein Feuchtegehalt zuordnen.

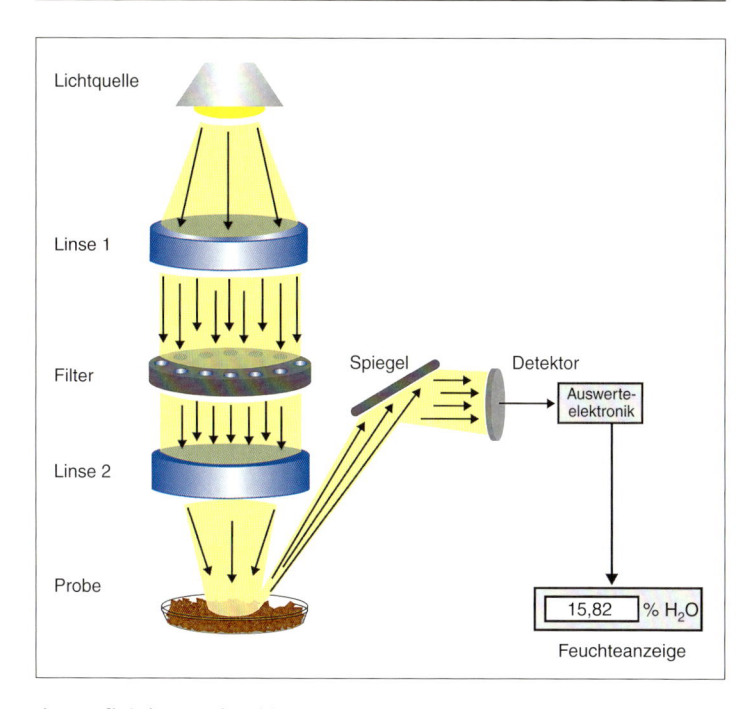

Abb. 38: Funktionsprinzip eines NIR-Spektrophotometers (schematisch)

Das beschriebene Verfahren liefert unmittelbar einen Messwert, arbeitet berührungslos und damit zerstörungsfrei. Deshalb wird diese Methode häufig in der Produktion zur Online-Kontrolle z. B. an Förderbändern eingesetzt. Allerdings reagiert dieses Verfahren sehr sensibel auf ein wechselndes Reflexionsverhalten des Messguts, sodass eine Veränderung der Probenfarbe oder -oberfläche zu einer fehlerhaften Messung führen würde. Als Referenz für die erforderliche Kalibrierung dient in der Regel die Trockenschrankmethode.

Merkmale des Verfahrens

Literaturverzeichnis

[1] Sartorius AG: *Trockenmasse schnell und zuverlässig bestimmen. Anwendungshandbuch für Infrarot-Feuchtemessgeräte.* Göttingen. 1995.

[2] Weyhe, S.: *Wägetechnik im Labor.* Die Bibliothek der Wissenschaft, Bd. 4. Landsberg/Lech. Verlag Moderne Industrie, 2001.

[3] Kupfer, K.: *Materialfeuchtemessung.* Renningen. Expert Verlag, 1997.

[4] Krahl, T.: *Schnellbestimmer für Materialfeuchte und Wassergehalt.* Göttingen. Erschienen im Eigenverlag Thomas Krahl, 1994.